国家出版基金项目
NATIONAL PUBLICATION FOUNDATION

中央宣传部 2022 年主题出版重点出版物

U0215558

林业草原国家公园融合发展

林长制政策理论与实践

国家林业和草原局林长制
工作领导小组办公室 | 编著

中国林业出版社
China Forestry Publishing House

图书在版编目（CIP）数据

林业草原国家公园融合发展. 林长制政策理论与实践/
国家林业和草原局林长制工作领导小组办公室编著. --
北京：中国林业出版社，2023.10
中央宣传部2022年主题出版重点出版物

ISBN 978-7-5219-2108-3

Ⅰ.①林…　Ⅱ.①国…　Ⅲ.①国家公园—建设—研究
—中国　Ⅳ.①S759.992

中国国家版本馆CIP数据核字(2023)第005055号

策　　划：刘先银　杨长峰
责任编辑：何　蕊　许　凯　李　静　杨　洋
责任校对：曹　慧
封面设计：北京大汉方圆数字文化传媒有限公司

————————————————

出版发行：中国林业出版社
　　　　　（100009，北京市西城区刘海胡同7号，电话010-83143120）
电子邮箱：cfphzbs@163.com
网址：https://www.cfph.net
印刷：北京中科印刷有限公司
版次：2023年10月第1版
印次：2023年10月第1次
开本：787mm×1092mm　1/16
印张：14.5
字数：230千字
定价：89.00元

中央宣传部2022年主题出版重点出版物

林业草原国家公园融合发展

林长制政策理论与实践

编委会

编 委

徐济德　刘克勇　丁晓华　周少舟　刘春延

王常青　董　原　张　敏　赵玉涛

编写人员

李　磊　孙伟娜　徐骁巍　胡长茹　石　焱

胡继平　林　震　王　威　白卫国　林章楠

宋天宇　庞尧予　张凤英　石金涛　韩雪琳

杜　君　梁　超　田　恬　张　翔　柯家辉

闫冬晴　张鋆萍　孟芮萱　孙　钊　王鹏皓

王　伟　戴明睿　李鑫雨　胡中岳　李宏韬

苏　悦

序

　　森林和草原是重要的自然生态系统，对维护国家生态安全、推进生态文明建设具有基础性、战略性作用。党中央、国务院历来高度重视林草工作，特别是党的十八大以来，以习近平同志为核心的党中央作出一系列重大决策部署，林草事业取得历史性、全局性成就。但同习近平总书记的指示要求相比、同建设美丽中国的目标相比、同人民群众对优美生态环境的期盼相比，林草资源总量不足、质量不高等问题依然突出。

　　2015 年 5 月，中共中央、国务院印发《关于加快推进生态文明建设的意见》，明确各级党委和政府对本地区生态文明建设负总责。为全面提升森林和草原等生态系统功能，进一步压实地方各级党委和政府保护发展森林草原资源的主体责任，2020 年 12 月 28 日，中共中央办公厅、国务院办公厅印发《关于全面推行林长制的意见》（以下简称《意见》），要求按照山水林田湖草沙系统治理要求，在全国全面推行林长制，明确地方党政领导干部保护发展森林草原资源目标责任，构建党政同责、属地负责、部门协同、源头治理、全域覆盖的长效机制，加快推进生态文明和美丽中国建设。

　　全面推行林长制是习近平总书记亲自谋划、亲自部署、亲自推动的重大决策部署，是生态文明领域的重大制度创新，是推进美丽中国建设的重大战略举措。2016 年 2 月，习近平总书记考察江西时强调，要做好治山理水、显山露水的文章，打造美丽中国"江西样板"。同年 4 月，习近平总书记考察安徽时指出，安徽山水资源丰富，自然风光美好，要把好山好水保护好，着力打造生态文明建设的"安徽样板"。

　　安徽、江西两省深入贯彻落实习近平总书记重要指示精神，率先探索建立林长制。2016 年 8 月起，江西省抚州市、九江市武宁县探索推行"山长制""林长制",安徽省合肥市、安庆市、宣城市先行先试林长制,实践证明,这些地区林草资源得到有效保护和发展,绿水青山持续转化为"金山银山",成为践行习近平生态文明思想的成功典范。随后,23个省份在不同层面探索推行林长制。2019年修订的《森林法》明确,地方人民政府可以根据本行政区域森林资源保护发展的需要,建立林长制。2020年8月,习近平总书记再次亲临安徽考察,作出落实林长制的重要指示。同年11月,习近平总书记主持召开中央全面深化改革委员会第十六次会议,审议通过《意见》。2020年12月,《意见》印发,标志着林长制改革正式推向全国。

《意见》印发后,各省份聚焦森林草原资源保护发展重点,系统谋划、精准发力,全面推行林长制,2022年6月,全国全面建立林长制目标如期实现。除直辖市和新疆生产建设兵团建立三级或四级林长体系外,其余各省份均建立省、市、县、乡、村五级林长体系,全国各级林长120万余名。各省份均建立起上下衔接、系统完备的组织体系,权责清晰、职责明确的责任体系,保障有力、运行有效的制度体系,构建起党政同责、属地负责、部门协同、源头治理、全域覆盖的森林草原资源保护发展长效机制,为引领推动林草事业高质量发展提供了有力的制度保障,初步解决了林草资源保护发展的内生动力问题、长远发展问题和统筹协调问题。

本书在系统总结各地实践经验做法的基础上,全面回顾了林长制改革发展历程,进一步解读了《意见》精神和有关政策要求,总结提炼了典型案例和经验启示,进一步明确了工作方向,对各地持续推深做实林长制、切实发挥好林长制改革效能具有重要借鉴和指导意义。同时,也希望广大读者特别是广大林草工作者,更加深入了解林长制,更加关心支持并推动林长制改革向纵深推进,以林长制引领推动林草事业高质量发展,为建设人与自然和谐共生的中国式现代化贡献力量。

编者

2022年12月

前言

2017 年以来，林长制改革率先在江西、安徽启动，两省结合自身实际开展完善林草生态建设制度体系的改革探索。建立起以党政领导负责制为核心的保护发展森林资源责任体系，取得明显成效，受到中央领导充分肯定和社会各界的广泛关注。之后有 23 个省份开展林长制改革试点，较好地解决了林草生态建设理念淡化、职责虚化、权能碎化、举措泛化、功能弱化等问题，取得了丰硕的成果，社会反响良好，为全面推行林长制奠定了实践基础。

自中央《意见》印发以来，国家林业和草原局积极推动林长制落地生根，成立了国家林业和草原局林长制工作领导小组及其办公室，研究制定了《国家林业和草原局贯彻落实〈关于全面推行林长制的意见〉实施方案》《林长制督查考核办法（试行）》《林长制督查考核工作方案（试行）》，进一步完善了顶层制度设计。为有效指导各省全面推行林长制工作，深入宣传林长制改革成效，兼顾林草干部教育培训特色，国家林草局林长办将林长制概念、理论基础、体系建设与运行机制、林长制工作实践等提炼总结并撰写成册，最终形成《林长制政策理论与实践》一书。

通过撰写《林长制政策理论与实践》，将林长制内容普及化，工作职责清晰化，任务体系具体化，考核评价明确化，实践案例模块化，提高各级林长对林长制工作的认识与理解。同时，通过对林长制体系建设及运行机制分析，明确组织、责任、制度、考核、运行保障等体系建设；通过对林长制工作实践经验总结，明确林长制管理目标，促进各地积极、认真、高效推进林长制工作。

本书分为林长制概述、理论基础、林长制体系建设与运行、林长制工作实践 4 章。林长制概述部分深入阐述了林长制起源与发展、概念与内涵、依据与意义；理论基础部分全面介绍了习近平生态文明思想、治理现代化理论、目标责任制理论及现代林业理论；林长制体系建设与运行部分系统梳理了组织、责任、制度、考核评价及运行保障体系；林长制工作实践部分详细总结了典型样板省、激励市县的经验做法及取得的成效。4 章紧扣林长制工作重点任务，从政策层面、理论层面、实践层面、管理层面等进行盘点和挖掘，提炼各地推行林长制的好经验、好做法，巩固林长制工作新成果，助力各省全面推进林长制改革。

本书第一章、第四章由国家林业和草原局管理干部学院石焱教授组织编写；第二章由北京林业大学林震教授组织编写；第三章由国家林业和草原局林草调查规划院胡继平处长组织编写。本书在编写过程中，得到中国林业出版社有限公司、国家林业和草原局产业发展规划院、安徽省林业局、江西省林业局、内蒙古自治区林业和草原局，安徽省宣城市、江西省上饶市、福建省南平市、湖北省十堰市、湖南省浏阳市、重庆市云阳县林业局，辽宁省桓仁满族自治县、新疆维吾尔自治区温宿县林业和草原局等单位的鼎力支持和协助，在此表示衷心感谢。

全面推行林长制是党中央关于生态文明建设的重大战略决策和重要制度创新，统筹协调保护与发展的关系，相关理论和工作方法在实践中不断创新。由于编者水平有限，难免存在疏虞之处，敬请广大读者指正！

编者

2022 年 12 月

目录

第三章 林长制体系建设与运行

第四章 林长制工作实践

第一章

林长制概述

森林和草原是重要的自然生态系统，对于维护国家生态安全、推进生态文明建设具有基础性、战略性作用。生态系统是一个生命共同体，推进生态保护修复必须遵循自然规律。为全面提升森林和草原等生态系统功能，进一步压实地方党委和政府保护发展森林草原资源的主体责任，2020 年 12 月 28 日，中共中央办公厅、国务院办公厅印发《关于全面推行林长制的意见》（以下简称中央《意见》），聚焦构建党政同责、属地负责、部门协同、源头治理、全域覆盖的长效机制，明确提出保护发展森林草原资源的总体要求、主要任务、保障措施，抓住了生态文明建设、生态安全保障的关键因素，进一步丰富完善了生态文明制度体系。

第一节　林长制起源与发展

在开启全面建设社会主义现代化国家新征程的重要时期，全面推行林长制是贯彻习近平生态文明思想、加强生态文明建设的生动实践，是推动林草事业高质量发展的重大战略决策部署。了解并掌握林长制起源与发展，有利于进一步提高认识，准确把握各阶段工作重点，更好推深做实林长制。

一、林长制起源

林长制是对古代"虞衡制"的有益传承，蕴含着厚重的历史印迹。据《虞书·舜典》记载，"帝曰：'畴若予上下草木鸟兽？'佥曰：'益哉！'帝曰：'俞，咨！益，汝作朕虞。'""虞"指古代掌管山泽鸟兽的官职，"益"即伯益，是我国最早的"环保部长"。《周礼》记载，"山虞掌山林之政令""林衡掌巡林麓之禁令"，山虞、林衡两职清晰，分工明确，共管森林。汉时，因地制宜设置"林长"，据《汉书·地理志》记载，蜀郡设"木官"，江夏郡设"云梦官"，巴郡设"桔官"。北宋时期，"林木可养，斧斤可禁，山荒可种植之类"（《宋会要》职官四八之五三）。"县并置丞一员，以掌其事"（《宋史》卷一六七，职官七），县丞是县令的辅助官员，负责管理林木。据《明史》记载，明朝工部下设虞衡清吏司，管山林川泽禁令，负责保护山林川泽的生物资源和名胜古迹。清代，继续保留虞衡清吏司，其职责与明代大致相同（刘秋领，1992），省、府、州、县的长官均要承担其辖区内与林业有关的所有政务。以上史料表明古人早就意识到生态环境是人类赖以生存和发展的基础，爱绿护绿成为中华民族优秀传统文化的精髓。新中国建立之后，在中国共产党的领导下，我国大力开展植树造林，强化以森林为主体的陆地生态系统的保护，取得了丰硕的成果。特别是进入新世纪后，我国生态文明建设又开启了新的篇章。

2003 年，浙江省湖州市长兴县率先为几条重点河流设立河长，是全国最早实施河长制的地区。之后，部分地区借鉴其经验，积极探索并进一步完善河长制，由党政负责同志担任河长，协调整合多方资源力量，组织开展水资源保护、开发、利用、防治等管理工作。学界普遍认为河长制改革是以 2007 年江苏省太湖蓝藻事件爆发水污染危机为开端的。无锡市在全国率先实行由地方行政首长负责的河长制，落实主体责任，加强污染源头治理，水污染防治效果明显，创造性探索出河湖水治理的新路径。2016 年 11 月 28 日，中共中央办公厅、国务院办公厅印发《关于全面推行河长制的意见》，聚焦构建责任明确、协调有序、监管严格、保护有力的河湖管理保护机制，河长制由地方实践上升为国家意志。之后，地方各级党委政府狠抓落实，省、市、县、乡四级 30 余万名河长上岗履职，河湖专项整治行动深入开展，管护责任更加明确，逐步实现从“没人管”到“有人管”、从“多头管”到“统一管”、从“管不住”到“管得好”的转变，生态系统逐步恢复，环境质量不断改善。河长制工作先后得到水利部和原环境保护部的认可，并在局部地区得到推广，在党的十八大提出中国生态文明制度建设后，被确立为国家水环境治理的重要手段。2017 年，河长制被写入《中华人民共和国水污染防治法》，成为国家水环境治理的重要制度之一。

随着生态文明建设实践的不断深入，各地也在积极探索新形势下进一步强化森林资源保护发展的有效形式。2016 年，中共抚州市委办公室、抚州市人民政府办公室印发《抚州市“山长制”工作实施方案》，建立健全保护发展森林资源的长效机制，设立市、县、乡、村四级“山长”，党政领导分别担任“山长”“副山长”，对所辖区域森林资源保护管理负责。抚州市政府主导、部门联管、全民参与森林资源管护的做法在全国属首例，在全国率先开启了“林长制”实现形式的有益探索。随后，印发《抚州市“山长制”工作目标体系》，建立"三保、三增、三防"目标体系，涵盖林业生态建设主要工作，"三保"指保森林面积总量、保林地（湿地）面积总量、保林区生产经营秩序稳定，"三增"指实现森林蓄积量、生态公益林和自然保护区等面积、林业经济增长，"三防"指森林防火、森林病虫害防治、重大生态破坏行为防范。2017 年，中共武宁县委、武宁县人民政府印发《武宁县"林长制"工作实施方案》，在县域内全面推开林长制改革，与此同时，安徽省合肥、安庆等城市也先后探索林长制改革。江西、安徽等省的积极行动走在了全国林长制改革先行先试的前列。

由此可见，林长制继承了中华民族优秀传统文化，借鉴了河长制和山长制的典型做法，是新时代森林草原资源保护发展的新探索、新模式。一直以来，我国森林草原资源保护发展主要由林草主管部门负责，受行政权限、技术手段、人员配给等制约，往往很难达到预期工作目标。林长制改革的制度设计与具体实践中，地方各级党政主要负责同志能够有效整合资源，突破部门利益藩篱，集中统筹管理，有力规避管理体制条块分割、职能部门分割、制度政出多门等不利因素，推动形成林长统筹、部门协作、齐抓共管的新格局。

二、林长制发展

全面推行林长制，明确地方党政领导干部保护发展森林草原资源目标责任，推动全国上下积极探索林草治理体系和治理能力现代化。追溯林长制发展历程，总体上经历了试点探索、全面推行和推深做实三个阶段。

（一）试点探索阶段（2016 年 2 月至 2020 年 10 月）

林长制改革率先在江西省和安徽省启动，两省结合自身实际开展完善林草生态建设制度体系改革，积极探索森林资源保护管理新路径。

2016 年 2 月，习近平总书记考察江西时强调，要做好治山理水、显山露水的文章，走出一条经济发展和生态文明水平提高相辅相成、相得益彰的路子，打造美丽中国"江西样板"。2016 年，江西省抚州市在临川、资溪、南丰等县（区）先行先试的基础上，在全国率先推行"山长制"。2017 年 4 月，江西省九江市武宁县印发《武宁县"林长制"工作实施方案》，率先在全国推行林长制改革。2017 年 9 月，中共中央办公厅、国务院办公厅批复《国家生态文明试验区（江西）实施方案》，明确将江西定位为"生态环境保护管理制度创新区"，为江西实现绿色崛起提供战略支撑。江西省委、省政府认真落实国家生态文明试验区建设任务要求，在系统总结抚州市"山长制"、武宁县林长制实践经验基础上，将推行林长制纳入2018年江西省《政府工作报告》和国家生态文明试验区建设工作要点。2018年7月，中共江西省委办公厅、江西省人民政府办公厅印发《关于全面推行林长制的意见》，开始全面推行林长制。2018年以来，江西省南昌市将"林长制"纳入市、县（区）高质量发展、生态文明建设、乡村振兴及流域生态补偿等考核评价内容，2020年，市、县两级林长办公室（以下简称"林长办"）先后对森林防火、松材线虫病防控、森林督查问题整改、村级林长和专职护林员履职不力等问题下发督办函25次。截至2020年年底，南昌市设立各级林长1740名，聘用专职护林员491名，以乡镇为单位设置森林资源监管员151名，做到了每个山头地块有人巡护、森林资源源头管理有人监管。2021年4月，国家全面启动生态产品价值实现工作，江西省作为全国生态产品价值实现机制试点，将"绿水青山"这一实现生态产品价值的前提和基础再夯实、再巩固。2021年7月，中共江西省委办公厅、江西省人民政府办公厅印发《关于进一步完善林长制的实施方案》，明确将进一步修订完善林长制考核办法，加大林长制工作督导考核力度，探索开展第三方评估，强化考核结果运用，并将考核结果作为党政领导干部综合考核评价和自然资源资产离任审计的重要依据。

2016年4月，习近平总书记考察安徽时强调，安徽省山水资源丰富、自然风光美好，要把好山好水保护好，打造生态文明建设的"安徽样板"。为贯彻落实习近平总书记重要指示精神，2017年6月，安徽省在合肥、安庆、宣城3市设立林长制改革试点。2017年9月，中共安徽省委、安徽省人民政府印发《关于建立林长制的意见》，在省级层面全面推行林长制，全面建立以党政领导负责制为核心的省、市、县、乡、村五级林长体系。2018年，中共安徽省委办公厅、安徽省人民政府办公厅印发《关于推深做实林长制改革优化林业发展环境的意见》，以林长制改革为契机，各成员单位合力推动林业发展。2019年4月，国家林业和草原局同意安徽省创建全国林长制改革示范区，为全国提供可复制、可借鉴的"安徽经验"。同时，安徽省林长制改革入选中央全面深化改革委员会办公室"十大改革案例"。2021年，经过五年的探索完善，安徽省林长制改革步入高效统筹、有效运行新阶段，为全国全面推行林长制树立了"安徽样板"。

2019 年 7 月，山东省人民政府办公厅印发《关于全面建立林长制的实施意见》，在全省全面推行林长制。2020 年 4 月，中共海南省委办公厅、海南省人民政府办公厅印发《关于全面推行林长制的实施意见》，深入推进国家生态文明试验区建设，压实各级党政领导保护发展森林资源主体责任。2020 年 8 月，中共山西省委办公厅、山西省人民政府办公厅印发《关于全面推行林长制的意见》，明确建立省、市、县、乡、村五级林长组织体系，推进林长组织体系、政策制度体系和督查考核体系三大体系建设，保障林长制规范有序运行。2020 年 9 月，中共贵州省委办公厅、贵州省人民政府办公厅印发《关于全面实行林长制的意见》，标志着贵州省林长制工作初步完成省级顶层设

安徽省升金湖自然保护区（汪欢喜 摄）

计，正式进入组织实施阶段。截至 2020 年 10 月，全国有 23 个省份开展林长制改革试点。其中，安徽、江西、山东、重庆、海南、贵州、山西 7 个省份全域推行试点，改革成效逐步显现。广西、广东、福建等 16 个省份在部分市县开展试点，为全国全面推行林长制奠定坚实的实践基础。

（二）全面推行阶段（2020 年 11 月至 2022 年 6 月）

2020 年 11 月 2 日，中央深化改革委员会第十六次会议审议通过《关于全面推行林长制的意见》。会议指出，森林和草原是重要的自然生态系统，对维护国家生态安全、推进生态文明建设具有基础性、战略性作用。全面推行林长制，要按照山水林田湖草系统治理的要求，坚持生态优先、保护为主，坚持绿色发展、生态惠民，坚持问题导向、因地制宜，坚持党委领导、部门联动，建立健全党政领导责任体系，明确各级林长保护发展森林草原资源主

体责任。12 月 28 日，中共中央办公厅、国务院办公厅印发《关于全面推行林长制的意见》，提出确保到 2022 年 6 月全面建立林长制。各省（含自治区、直辖市及新疆生产建设兵团，下同）按照党中央、国务院决策部署，认真贯彻落实中央《意见》精神，充分借鉴先行试点省份典型经验，结合自身实际，出台省级实施文件，全面推行林长制，构建林长组织、责任与制度体系，明确工作机制和保障措施。各地不断创新举措、亮点纷呈，林长制改革呈现稳步推进、稳定运行的态势。

2020 年 11 月 9 日，江西省委书记、省级总林长刘奇签发《关于开展林长制巡林工作的令》，在全国首创省级总林长令。省级总林长带头巡林，在全省掀起各级林长巡林的新高潮。江西省将 2021 年确定为林长制提升年，进一步压实各级林长责任，强化森林资源源头管理，规范专职护林员队伍，提升林长办工作水平，推进林长制信息化建设，推动林长制各项工作落实落细。2021 年 4 月 19 日，江西省九江市市级总林长会议审议通过《九江市林长制责任追究办法（试行）》，在全国率先出台林长制责任追究制度，为江西省乃至全国探索建立责任追究制提供"九江样板"。2021 年 5 月 18 日，

重庆市全域建立市、区（县）、乡镇（街道）、村（社区）"四级林长＋网格护林员"责任体系，聚焦森林资源保护发展年度任务目标，大力开展乱侵占、乱搭建、乱采挖、乱捕食"四乱"突出问题专项整治行动，在林业行政执法体系建设方面探索有益经验和实践路径。2021年5月28日，安徽省第十三届人大常委会第二十七次会议表决通过《安徽省林长制条例》，这是全国首部省级林长制法规，使林长制这一适应现代林草治理的重要制度法制化，实现了从"探索建制"到"法定成型"的飞跃，为全国林长制改革法制化建设提供"安徽样板"。2021年7月21日，中共安徽省委办公厅、安徽省人民政府办公厅印发《关于深化新一轮林长制改革的实施意见》，明确总体要求，提出工作任务，进一步巩固提升林长制改革创新成果，力争在新一轮林长制改革中实现新作为、取得新突破，全面提升林业资源生态、经济和社会功能。2021年9月，广西壮族自治区以林长制为抓手，将红树林保护修复作为推行林长制的重要工作任务，创新红树林保护修复新模式，在钦州、北海、防城港3个沿海城市率先设立红树林林长，全面加强红树林资源管护，守护"海洋卫士"。

截至2021年10月7日，全国31个省份及新疆生产建设兵团均在省级层面出台全面推行林长制的实施文件（见表1-1），聚焦森林草原资源保护发展重点，系统谋划、精准发力，初步建立上下衔接、职责明确的组织体系和责任体系，逐步形成保障有力、运行有效的制度体系，林长制体系全面运行。各地按照实施文件要求，积极推进林长制改革，召开全面推行林长制工作会议，进一步明确任务书、时间表和路线图，全面推动林草事业高质量发展。

表1-1   各省份出台省级实施文件汇总表

序号	省级单位	出台时间	文件名称
1	安徽	2017年9月18日	《关于建立林长制的意见》
		2021年7月21日	《关于深化新一轮林长制改革的实施意见》
2	江西	2018年7月3日	《关于全面推行林长制的意见》
		2021年7月12日	《关于进一步完善林长制的实施方案》
3	山东	2019年7月20日	《关于全面建立林长制的实施意见》
		2021年6月9日	《关于进一步深化林长制改革的实施意见》

序号	省级单位	出台时间	文件名称
4	海南	2020 年 4 月 26 日	《关于全面推行林长制的实施意见》
		2022 年 1 月 22 日	《关于进一步健全完善林长制的实施意见》
5	山西	2020 年 8 月 24 日	《关于全面推行林长制的意见》
6	贵州	2020 年 9 月 17 日	《关于全面实行林长制的意见》
7	福建	2021 年 2 月 9 日	《关于全面推行林长制的实施意见》
		2022 年 5 月 23 日	《关于进一步推深做实林长制工作的通知》
8	新疆	2021 年 2 月 26 日	《全面推行林长制的实施意见》
		2021 年 3 月 8 日	《全面推行林长制的实施方案》
9	北京	2021 年 3 月 19 日	《关于全面建立林长制的实施意见》
10	广西	2021 年 4 月 18 日	《关于全面推行林长制的实施意见》
11	河北	2021 年 4 月 21 日	《关于全面推行林长制的若干措施》
12	天津	2021 年 4 月 24 日	《关于全面建立林长制的实施方案》
13	重庆	2021 年 4 月 28 日	《关于全面推行林长制的实施意见》
14	新疆生产建设兵团	2021 年 5 月 10 日	《关于全面推行林长制的实施意见》
15	陕西	2021 年 5 月 14 日	《关于全面推行林长制的实施方案》
16	四川	2021 年 6 月 13 日	《关于全面推行林长制的实施意见》
17	内蒙古	2021 年 6 月 16 日	《关于全面推行林长制的实施意见》
18	浙江	2021 年 6 月 28 日	《关于全面推行林长制的实施意见》
19	黑龙江	2021 年 6 月 30 日	《关于全面推行林长制的实施意见》
20	湖南	2021 年 7 月 7 日	《关于全面推行林长制的实施意见》
		2022 年 1 月 28 日	《关于推深做实林长制　推动林业事业高质量发展的意见》
21	甘肃	2021 年 7 月 9 日	《关于全面推行林长制的实施意见》

（续表）

序号	省级单位	出台时间	文件名称
22	江苏	2021年7月16日	《关于全面推行林长制的实施意见》
23	西藏	2021年7月20日	《关于全面推行林长制的实施意见》
24	湖北	2021年8月5日	《关于全面推行林长制的实施意见》
25	广东	2021年8月20日	《关于全面推行林长制的实施意见》
26	上海	2021年9月3日	《关于全面推行林长制的实施意见》
27	吉林	2021年9月9日	《全面推行林长制实施方案》
28	云南	2021年9月9日	《关于全面推行林长制的实施意见》
29	青海	2021年9月15日	《全面推行林长制实施方案》
30	辽宁	2021年9月23日	《全面推行林长制实施方案》
31	河南	2021年10月2日	《全面推行林长制实施意见》
32	宁夏	2021年10月7日	《关于全面推行林长制的实施意见》

安徽省、江西省、山东省、海南省、福建省和湖南省先后印发深化林长制改革的实施文件。

截至2022年6月，全国全面建立林长制组织、责任与制度体系，初步构建党政同责、属地负责、部门协同、源头治理、全域覆盖的森林草原资源保护发展长效机制，党委政府主体责任进一步压实，林长制体系有效运行，林长制引领各项林草重点工作取得新突破。

1. 林长制体系建立情况

（1）组织体系全面建立，各级林长应设尽设。各省根据实际情况，除北京市、天津市、上海市、重庆市及新疆生产建设兵团设立三级或四级林长体系外，各省份均建立省、市、县、乡、村五级林长体系，乡级以上均由党委和政府主要负责同志担任总林长，实行"双挂帅"，各级林长近120万名。

（2）责任体系初步建成，各级林长知责明责。各地积极构建以党政主要领导负责制为核心的责任体系，逐步形成一级抓一级、层层抓落实的工作格局。先后出台实施方案、考核办法、地方条例和履职规范，明确林长

"干什么""怎么干"。各级林长负责把全局、督重点、促落实，统筹解决森林草原资源保护发展关键问题。北京市、安徽省、广西壮族自治区等地制定省级林长履职规范文件，进一步细化职责、厘清边界。

（3）制度体系持续完善，长效机制逐步形成。各省建立林长会议、信息公开、部门协作和工作督查四项制度，创新总林长令、"林长＋"协作机制、林长巡林等配套制度。安徽省、江西省率先颁布省级林长制条例，将制度、政策、经验以立法形式予以固化，为林长制持续发力提供法治保障。各省出台林长制考核评价办法，从严组织实施林长制考核，强化考核结果运用，将森林草原保护发展情况作为地方党政领导干部综合考核的重要依据。

2. 林长制运行情况

（1）林长履职尽责。各省总林长通过召开总林长会议、签发总林长令、开展巡林调研等方式谋划、部署林草生态建设，高位推动重点工作落实，协调解决重点难点问题。

25个省（自治区、直辖市）共召开省级总林长会议40次，其中10个省

江西省碧湖潭国家森林公园（萍乡市林业局 摄）

（自治区、直辖市）召开 2 次以上。21 个省（自治区、直辖市）总林长签发总林长令 27 道，重点部署定期巡林、国土绿化、资源保护、国家公园建设、灾害防控等重点工作。省级林长带头巡林 214 次。重庆市针对森林资源"四乱"突出问题发令，开展专项整治行动。浙江省公安厅贯彻落实总林长令，印发《全面推进林区警长制工作的通知》。河北、山西等省省级林长研究谋划森林可持续经营，助推实现国家"双碳"目标。江西省上饶市林长在巡林过程中，推动成立"上饶市自然保护地委员会"，有效解决自然保护地管理体制问题。

（2）林长办统筹协调。各省充分发挥林长办"参谋助手"和"协调中枢"作用，在建立机制、落实责任、组织协调、督促指导上持续发力。积极协调成员单位，立足实际，主动谋划，为党委、政府主要负责同志列出重点工作任务与问题清单，聚焦重点难点问题，逐项提出解决方案，做到"出得了考卷、答得了题目"，实现部门内上传下达、部门间左右联通，有力打破"碎片化"治理模式，切实将系统治理、综合治理落到实处。四川省、重庆市、新疆维吾尔自治区等地由省级领导担任林长办主任，进一步强化林长办的统筹协调职能。

（3）各项制度平稳运行。各省紧扣"林"这个主题，紧盯"长"这个关键，紧抓"制"这个保障，聚焦基础性和战略性的改革措施，带动多项制度变革，促进制度集成，各项制度建设进一步向加快林草发展、强化林草治理的实质领域延伸，有力提升林草系统性治理效能。各省积极召开林长会议，加强部门协作，实施督查考核，主动公开信息。林长会议制度提供了林草决策的议事平台，信息公开和工作督查制度畅通了林草问题的发现途径，考核评价提升了各级林长的责任意识，推动形成"长"按"制"办，以"制"促"治"的工作格局。

3. 林长制工作成效

全面推行林长制以来，各省坚持系统治理、源头治理、综合施策，健全制度体系，完善工作机制，构建林长主动履责、林长办统筹协调、部门横向联动、社会广泛参与的工作新格局。各地出实招、办实事，在系统领域补短板、强弱项、疏堵点，林草资源保护发展的积极性、主动性不断增强，森林草原资源保护发展工作取得阶段性新突破。

（1）森林草原资源保护发展责任制全面建立。林长制的实施切实增强了各级党委和政府践行习近平生态文明思想的政治自觉和行动自觉。一是进一步压实主体责任。各省坚持党委领导、党政同责，严格落实中央关于"各级党委政府对生态文明建设负总责"的要求，划定责任区域，逐级明晰职责，形成系统化、制度化的党政领导保护发展林草资源责任体系，实现山有人管、林有人护、责有人担。二是有力推动林草生态建设融入经济社会发展大局。河北、安徽、湖北、江苏、山东、陕西等省将推行林长制纳入京津冀协同发展、长江经济带发展、黄河流域生态保护和高质量发展等重大战略区域生态系统保护和修复之中。辽宁、广东、福建、西藏等省实施"绿满辽宁""绿美广东大行动""福建'三个百千'绿化美化行动""拉萨南北山绿化工程"。三是全面明确目标任务。各省根据资源禀赋，确定森林覆盖率、森林蓄积量、草原综合植被盖度、沙化土地治理面积、湿地保护率等重要指标，明确目标任务。

（2）森林草原资源保护发展工作合力初步形成。各省建立健全部门协作机制，加强政策供给，实现齐抓共管、资源整合、同向发力。13个省建立"林长＋检察长"协作机制，10个省全面推行林区警长制，8个省建立"林长＋检察长＋警长"工作机制，公检法合力破解执法难题。上海市、江苏省、浙江省、安徽省共同建设长三角一体化林长制改革示范区，促进区域协同。安徽省、湖南省等14个省编办支持建立林长制工作专责机构。安徽省出台《关于推深做实林长制改革优化林业发展环境的意见》，将22条政策措施落实到部门，着力解决生态效益补偿低、林区道路建设难等制约森林草原资源保护发展的难点问题。湖南省级副总林长牵头，湖南省林业局等10个部门联合开展林业生态环境综合整治行动，对破坏林地、林木、草原、湿地、野生动植物以及违法占用耕地造林等违法违规行为开展综合整治。辽宁省发展改革委、科技厅等7个部门联合印发《辽西北防风治沙固土三年攻坚行动实施方案》，系统解决辽西北沙化和荒漠化问题。新疆维吾尔自治区林草局、水利厅、农业农村厅等部门联动推进建立以森林草原为主的生态用水调度管理体系，解决生态用水配置问题。

（3）基层基础建设不断强化。按照"属地管理、分级负责、权责明确、全域覆盖"的原则，各地普遍设置基层林长和生态护林员，实现网格化资源管护，切实解决森林草原资源保护管理"最后一公里"问题，国家林业和草原局出台《乡村护林（草）员管理办法》，大力开展林业站标准化建设，强化全国基层林业站和护林员培训管理，提升基层治理能力。江西省首创"一长两员"

网格化管理体系，各省探索建立"一长多员"管理模式，新疆出台《自治区林长制网格化管理办法（试行）》，全面提升源头治理水平。北京市、黑龙江省、湖南省印发关于网格化体系建设的指导意见。同时，各省积极建设林长制智慧平台，提升源头监管信息化、智能化水平。

（4）林长制督查考核评价体系基本建立。国家林业和草原局聚焦保护发展核心任务，整合督查检查考核事项，出台林长制督查考核、激励措施实施办法。安徽省宣城市、江西省上饶市、福建省南平市、湖北省十堰市、湖南省浏阳市、辽宁省桓仁满族自治县、重庆市云阳县、新疆维吾尔自治区温宿县四市四县列入 2021 年度国务院激励名单，中央财政下达奖励资金 1.2 亿元。28 个省出台督查考核办法，19 个省开展督查考核工作。江西省率先对区（市）林长开展考核，并在省级总林长会上通报考核结果。新疆维吾尔自治区、云南省、贵州省等地将考核结果纳入省综合绩效考核范畴。辽宁省、安徽省、湖南省、新疆维吾尔自治区等地开展激励工作，对林长制工作成效明显地区予以资金奖励、政策支持。各地通过设立林长公示牌、开展第三方评估、制定社会监督办法等措施，推动林长制运行社会监督制度化、常态化。安徽省连续四年开展第三方评估，群众满意度均在 90% 以上。

（5）森林草原资源保护发展成效初显。一是生态保护修复持续推进。2021 年，全国完成造林 5400 万亩，种草改良 4900 万亩，治理沙化、石漠化土地 2160 万亩；2022 年 1—6 月，全国造林绿化、种草改良和沙化土地治理任务分别完成 82.9%、55% 和 50%。二是资源保护管理力度持续加强。全国林草行政案件发生数量同比下降 21%。2022 年上半年，全国回收林地同比上升 25.62%。10 个省推动涉林涉草案件清零。三是国家公园建设取得重要进展。编制《国家公园空间布局方案》并上报国务院，扎实推进第一批 5 个国家公园建设，积极创建新一批国家公园，加快推进国家公园立法进程。四是野生动植物保护管理不断强化。中国国家植物园、华南国家植物园正式运行，国家植物园体系建设持续推进。开展"清风""网剑"等行动，严厉打击野生动物及其制品非法交易行为。五是森林草原灾害防控更加有力。2021 年，全国森林火灾发生次数、受害森林面积、因灾伤亡人数同比分别下降 47%、50%、32%；2022 年 1—6 月，全国共发生森林火灾 311 起、草原火灾 19 起，总体呈下降态势。松材线虫病发生面积、病死树木数量分别下降 5.12%、27.69%。

（三）推深做实阶段（2022 年 7 月至今）

全面推行林长制是"国之大者"，是一项战略任务和系统工程。要进一步深入贯彻落实中央《意见》精神，坚持系统观念，坚持问题导向，以构建森林草原资源保护发展长效机制为主线，以压实地方各级党委政府主体责任为核心，以健全完善林长制体系为重点，以督查考核激励为抓手，着力在"五个持续"上下功夫，全力推动林长制改革向纵深发展。

（1）持续完善制度体系。林长制是生态文明制度体系的重要组成部分，发挥着引领、约束、激励、保障等作用。要聚焦构建林草资源保护发展长效机制，科学搭建林长制制度体系"四梁八柱"，不断在制度完善、制度运用、制度执行、制度转化上精准发力，加强制度之间的协调性、系统性，发挥制度的协同效应和溢出效应，不断把林草生态建设和林长制纳入制度化、法制化轨道，真正做到以"制"明"责"，以"制"促"治"，以林长制促"林长治"。

（2）持续健全责任体系。林长制责任体系涉及林长、林长办、各部门和社会等多个主体。一是落实林长责任。创新林长履职方式，明确各级林长职责，科学划定责任区域，将责任目标和任务安排分解落实到山头地块，形成省级总林长负总责、市县级林长抓指挥协调、乡村级林长抓落地实施的工作格局，确保一级抓一级、层层抓落实、管护无盲区。二是强化林长办职责。加强林长办特别是乡镇级林长办机构建设，充实人员队伍，充分发挥参谋助手和统筹协调作用，确保部门间横向协作、系统内上下贯通。三是压实部门责任。推动成员单位充分发挥职能优势，密切协同配合，强化要素供给，特别是持续创新"林长+"工作机制，同向发力、重点出击，形成支持林草事业发展的强大合力。四是鼓励社会参与。广泛加强宣传教育，及时回应各方关切，积极营造全民参与的浓厚氛围。

（3）持续完善工作机制。工作机制运行顺畅是林长制改革高效推进的重要保障。一是完善政策解读机制，进一步搭建解读平台，加强培训骨干的培养，充分发挥专家专业优势，推动政策精准落实落地。二是完善工作督导机制，科学制定工作计划，准确下达任务清单，建立工作台账，健全工作调度、工作督办、工作报告等制度，确保问题发现及时、反馈及时、整改及时。三是完善协作会商机制，加强工作联系会商、信息共享、督考评价，定期召开工作会议，推动形成更加丰富多元化、制度化协作机制，有力促成重大政策出台、重要工作落地实施。四是健全社会参与机制，创新社会参与方式，完善社会监督制度，建立信息发布平台，努力提高社会公众参与度和满意度。五是完善典型经验推广机制，注重把"点上"创新经验上升为"面上"制度安排，切实发挥典型示范引领作用，不断提升改革整体效能。

（4）持续用好督查考核。坚持林长制督查考核、激励、评价一体化推进。加大督查力度，争取将林长制督查纳入各省党委、政府重点工作督查范畴，充分利用林草生态综合监测等数据成果，结合必要的现地督查，精准查摆问题，推动问题整改。科学组织考核，严格执行县级以上林长对下一级林长考核相关要求，优化考核指标设置，从严实施考核，将考核结果纳入领导干部绩效考核和自然资源资产离任审计。健全激励机制，完善激励实施办法，切实对真抓实干、成效明显的地方给予政策和资金支持。鼓励有条件的地方开展第三方评估，更加客观公正地评估工作实绩。

（5）持续强化支撑保障。加强组织领导，统筹各方力量，细化工作举措，狠抓工作落实，确保林长制改革取得实效。进一步强化林长制法律保障，积极推进林长制地方立法工作。强化科技支撑，充分运用卫星遥感影像、"互联网＋"等高新技术手段，将林长制责任体系、国土绿化、资源保护等数据全部建档入网，实行林草资源精准化、智能化管理。夯实基层基础，切实加强林长办、林业站一体化建设和生态护林员的规范履职，实现林长办运行实体化、林业站发展功能化、生态护林员管理规范化，有效畅通森林草原资源保护管理"最后一公里"。

第二节　林长制概念与内涵

党的十八大以来，以习近平同志为核心的党中央以前所未有的力度推动生态文明建设伟大实践，逐步形成了林草兴则生态兴、生态兴则文明兴、人与自然和谐共生的新生态自然观，绿水青山就是金山银山、保护环境就是保护生产力的新经济发展观，山水林田湖草沙是一个生命共同体的新系统观，环境就是民生、人民群众对美好生活的需求就是我们的奋斗目标的新民生政绩观，习近平生态文明思想得到不断丰富发展。全面推行林长制是生态文明建设的重大制度创新，要紧紧围绕中央《意见》，从目标责任、长效机制、治理体系等方面全面理解林长制的概念与内涵。在全面推行林长制过程中，各地要结合新形势、新任务，因时因地创新举措，进一步丰富完善林长制的概念与内涵。

一、林长制概念

林长制是以保护发展森林草原资源为目标，以压实地方各级党政领导干部责任为核心，以制度体系建设为保障，以督查考核为手段，构建由地方党委、政府主要负责同志担任总林长，省、市、县、乡、村分级设立林（草）长，聚焦森林草原资源保护发展重点难点工作，实现党政同责、属地负责、部门协同、源头治理、全域覆盖的长效责任体系。

中央《意见》出台目的是进一步压实地方各级党委和政府保护发展森林草原资源的主体责任，全面提升森林和草原等生态系统功能。

工作目标方面　林长制以严格保护管理森林、草原、湿地等自然资源，加强生态保护修复、保护生物多样性、增强森林和草原等自然生态系统稳定性为目标，牢固树立和践行绿水青山就是金山银山理念，坚持绿色发展、生态惠民，积极推进生态产业化和产业生态化，不断满足人民群众对优美生态环境、优良生态产品、优质生态服务的需求。

组织责任方面　要综合考虑区域、资源特点和自然生态系统完整性，科学确定林长责任区域。各级林长组织领导责任区域森林草原资源保护发展工作，落实保护发展森林草原资源目标责任制。林长制以"党政领导负责制"为核心，坚持党委领导、党政同责、部门联动，强化责任担当，通过构建各级林长目标责任与属地管理的空间对应关系，将目标、任务与责任分级分层落实在每一网格上，形成纵向到底、横向到边、分工明确、协调一致的林长制网格化管理体系，层层压实责任，层层落实目标，切实实现山有人护、事有人做、责有人担。

制度保障方面　通过建立健全林长会议制度、信息公开制度、部门协作制度、工作督查制度等配套制度，研究森林草原资源保护发展中的重大问题，定期通报森林草原资源保护发展重点工作。

督考激励方面　林长制以组织体系为层级，综合采用督查、考核、激励、评价等方式，围绕各级林长职责、组织机构任务分工以及各地森林草原资源保护发展等任务特点，合理选设考核指标和评价内容，县级及以上林长负责组织对下一级林长的考核，强化考核评价结果运用。对林长制工作真抓实干，取得明显成效的地方予以激励，调动各地推进林长制工作的积极性、主动性和创造性。

构建长效机制方面　各地要紧紧围绕构建地方党政领导干部保护发展森林草原资源责任体系，聚焦森林覆盖率、森林蓄积量、草原综合植被盖度、沙化土地治理面积等重要指标及重点任务，作出制度安排，因地制宜持续在制度建立、丰富、完善、运用方面上狠下功夫，加快构建党政同责、属地负责、部门协同、源头治理、全域覆盖的林草资源保护发展长效机制。

二、指导思想

以习近平新时代中国特色社会主义思想为指导，全面贯彻党的二十大精神，认真践行习近平生态文明思想，坚定贯彻新发展理念，根据党中央、国务院决策部署，按照山水林田湖草沙一体化保护和系统治理要求，在全国全面推行林长制，明确地方党政领导干部保护发展森林草原资源目标责任，构建党政同责、属地负责、部门协同、源头治理、全域覆盖的长效机制，加快

安徽省新安山水美如画（黄山市林业局　供图）

推进生态文明和美丽中国建设。

三、工作原则

一是坚持生态优先、保护为主。全面落实《森林法》《草原法》等法律法规，建立健全最严格的森林草原资源保护制度，加强生态保护修复，保护生物多样性，增强森林和草原等生态系统稳定性。二是坚持绿色发展、生态惠民。牢固树立和践行绿水青山就是金山银山理念，积极推进生态产业化和产业生态化，不断满足人民群众对优美生态环境、优良生态产品、优质生态服务的需求。三是坚持问题导向、因地制宜。针对不同区域森林和草原等生态系统保护管理的突出问题，坚持分类施策、科学管理、综合治理，宜林则林、宜草则草、宜荒则荒，全面提升森林草原资源的生态、经济、社会功能。四是坚持党委领导、部门联动。加强党委领导，建立健全以党政领导负责制为核心的责任体系，明确各级林（草）长（以下统称"林长"）的森林草原资源保护发展职责，强化工作措施，统筹各方力量，形成一级抓一级、层层抓落实的工作格局。

四、主要任务

（一）加强森林草原资源生态保护

严格森林草原资源保护管理，严守生态保护红线。严格控制林地、草地转为建设用地，加强重点生态功能区和生态环境敏感脆弱区域的森林草原资源保护，禁止毁林毁草开垦。加强公益林管护，统筹推进天然林保护，全面停止天然林商业性采伐，完善森林生态效益补偿制度。落实草原禁牧休牧和草畜平衡制度，完善草原生态保护补奖政策。强化森林草原督查，严厉打击破坏森林草原资源违法行为。推进构建以国家公园为主体的自然保护地体系。强化野生动植物及其栖息地保护。

（二）加强森林草原资源生态修复

依据国土空间规划，科学划定生态用地，持续推进大规模国土绿化行动，加强荒漠化综合防治和推进"三北"等重点生态工程建设。实施重要生态系统保护和修复重大工程，推进京津冀协同发展、长江经济带发展、粤港澳大湾区建设、长三角一体化发展、黄河流域生态保护和高质量发展、海南自由贸易港建设等重大战略涉及区域生态系统保护和修复，深入实施退耕还林还草、草原生态修复等重点工程。加强森林经营和退化林修复，提升森林质量。落实部门绿化责任，创新义务植树机制，提高全民义务植树尽责率。

（三）加强森林草原资源灾害防控

建立健全重大森林草原有害生物灾害防治地方政府负责制，将森林草原有害生物灾害纳入防灾减灾救灾体系，健全重大森林草原有害生物监管和联防联治机制，抓好松材线虫病、美国白蛾、草原鼠兔害等防治工作。坚持森林草原防灭火一体化，落实地方行政首长负责制，提升火灾综合防控能力。

（四）深化森林草原领域改革

巩固扩大重点国有林区和国有林场改革成果，加强森林资源资产管理，推动林区林场可持续发展。完善草原承包经营制度，规范草原流转。全面落实中办、国办《深化集体林权制度改革方案》，推动建立完善权属清晰、责权利统一、保护严格、流转有序、监管有效的集体林权制度。

（五）加强森林草原资源监测监管

充分利用现代信息技术手段，不断完善森林草原资源"一张图""一套数"动态监测体系，逐步建立重点区域实时监控网络，及时掌握资源动态变化，提高预警预报和查处问题的能力，提升森林草原资源保护发展智慧化管理水平。

（六）加强基层基础建设

充分发挥生态护林员等管护人员作用，实现网格化管理。加强乡镇林业（草原）工作站能力建设，强化对生态护林员等管护人员的培训和日常管理。建立市场化、多元化资金投入机制，完善森林草原资源生态保护修复财政扶持政策。

第三节　林长制依据与意义

党的十八大明确提出大力推进生态文明建设，努力建设美丽中国，实现中华民族永续发展。党的十九大报告对加大生态系统保护力度和改革生态环境监管体制做出部署，要求完善生态环境管理制度，坚决制止和惩处破坏生态环境行为。党的十九届四中全会进一步把需要坚持和完善的生态文明制度体系归纳为四个方面，即：实行最严格的生态环境保护制度，全面建立资源高效利用制度，健全生态保护和修复制度及严明生态环境保护责任制度。党的二十大报告提出，必须牢固树立和践行绿水青山就是金山银山的理念，站在人与自然和谐共生的高度谋划发展。可以说，为生态文明建章立制是新时代生态文明建设的重要内容，也是林长制创新发展的历史背景。通过了解并掌握林长制出台的政策依据、法律依据和重要意义，有助于健全和完善林长制工作机制，进一步聚集力量大力发展林草事业，为推进林草治理体系和治理能力现代化提供有力支撑。

一、政策依据

林长制的核心是党政领导负责制，是"各级党委政府对生态文明建设负总责"在林草领域的具体实践，旨在进一步压实地方各级党委和政府保护发展森林草原资源主体责任，形成系统化、制度化的党政领导保护发展林草资源责任体系。习近平总书记在福建工作期间（1985 年 6 月至 2002 年 10 月）提出，要抓林业责任制。2021 年 11 月，习近平总书记在中央全面深化改革委员会第十六次会议审议《关于全面推行林长制的意见》时指出，建立林长制，就要加大督查考评力度，要履行责任制，防止形式主义。改革开放以来，党中央、国务院相继出台若干涉林草目标责任制的政策文件。国家林业和草原局深入贯彻落实党中央、国务院决策部署，全面抓好贯彻落实，进一步细化科学绿化、资源保护管理、草原湿地保护修复、有害生物防治等方面目标责任，并最终统筹整合为林长制督查考核，夯实了全面推行林长制的政策基础。本节梳理了相关国家政策 23 项、林草政策 13 项（见表 1-2 和表 1-3）。

表 1-2　党中央、国务院出台相关政策文件

序号	发布时间	文件名称
1	1987 年 6 月 30 日	《中共中央　国务院关于加强南方集体林区森林资源管理坚决制止乱砍滥伐的指示》
2	1994 年 5 月 16 日	《国务院办公厅关于加强森林资源保护管理工作的通知》

序号	发布时间	文件名称
3	1998 年 8 月 5 日	《国务院关于保护森林资源制止毁林开垦和乱占林地的通知》
4	2002 年 4 月 12 日	《国务院办公厅关于进一步加强松材线虫病预防和除治工作的通知》
5	2003 年 6 月 25 日	《中共中央　国务院关于加快林业发展的决定》
6	2004 年 6 月 5 日	《国务院办公厅关于加强湿地保护管理的通知》
7	2006 年 4 月 4 日	《国务院办公厅关于切实加强当前森林防火工作的紧急通知》
8	2008 年 6 月 8 日	《中共中央　国务院关于全面推进集体林权制度改革的意见》
9	2014 年 6 月 5 日	《国务院办公厅关于进一步加强林业有害生物防治工作的意见》
10	2015 年 3 月 17 日	《中共中央　国务院关于印发〈国有林场改革方案〉和〈国有林区改革指导意见〉的通知》
11	2015 年 4 月 25 日	《中共中央　国务院关于加快推进生态文明建设的意见》
12	2015 年 8 月 17 日	《中共中央办公厅　国务院办公厅党政领导干部生态环境损害责任追究办法（试行）》
13	2016 年 12 月 12 日	《国务院办公厅关于印发湿地保护修复制度方案的通知》
14	2016 年 12 月 22 日	《中共中央办公厅　国务院办公厅关于印发生态文明建设目标评价考核办法的通知》
15	2017 年 9 月 26 日	《中共中央办公厅　国务院办公厅关于印发建立国家公园体制总体方案的通知》
16	2019 年 6 月 16 日	《中共中央办公厅　国务院办公厅关于印发建立以国家公园为主体的自然保护地体系的指导意见的通知》
17	2019 年 7 月 23 日	《中共中央办公厅　国务院办公厅关于印发天然林保护修复制度方案的通知》
18	2020 年 2 月 24 日	《全国人民代表大会常务委员会关于全面禁止非法野生动物交易、革除滥食野生动物陋习、切实保障人民群众生命健康安全的决定》
19	2020 年 3 月 23 日	《国务院办公厅关于在防疫条件下积极有序推进春季造林绿化工作的通知》
20	2020 年 12 月 28 日	《中共中央办公厅　国务院办公厅印发〈关于全面推行林长制的意见〉的通知》
21	2021 年 3 月 12 日	《国务院办公厅关于加强草原保护修复的若干意见》
22	2021 年 6 月 2 日	《国务院办公厅关于科学绿化的指导意见》
23	2021 年 12 月 20 日	《国务院办公厅关于新形势下进一步加强督查激励的通知》

表 1-3 林草主管部门出台相关政策文件

序号	发布时间	文件名称
1	2012 年 2 月 21 日	《国家林业局关于印发〈天然林资源保护工程森林管护管理办法〉的通知》
2	2016 年 7 月 6 日	《国家林业局关于印发〈全国森林经营规划（2016—2050 年）〉的通知》
3	2016 年 9 月 9 日	《国家林业局关于着力开展森林城市建设的指导意见》
4	2018 年 11 月 13 日	《全国绿化委员会 国家林业和草原局关于积极推进大规模国土绿化行动的意见》
5	2019 年 3 月 28 日	《国家林业和草原局关于印发〈乡村绿化美化行动方案〉的通知》
6	2019 年 6 月 21 日	《国家林业和草原局松材线虫病生态灾害督办追责办法》
7	2019 年 9 月 27 日	《国家林业和草原局关于切实加强秋冬季候鸟保护的通知》
8	2021 年 3 月 19 日	《国家林业和草原局贯彻落实中央〈关于全面推行林长制的意见〉的实施方案》
9	2021 年 4 月 2 日	《国家林业和草原局关于科学防控松材线虫病疫情的指导意见》
10	2021 年 8 月 18 日	《国家林业和草原局 国家发展和改革委员会"十四五"林业草原保护发展规划纲要》
11	2021 年 9 月 29 日	《国家林业和草原局关于切实加强秋冬季候鸟等野生动物保护工作的通知》
12	2021 年 12 月 30 日	《国家林业和草原局 国家发展改革委 自然资源部 水利部关于印发〈东北森林带生态保护和修复重大工程建设规划（2021—2035 年）〉的通知》
13	2022 年 2 月 28 日	《国家林业和草原局林长制督查考核办法（试行）》《国家林业和草原局林长制督查考核工作方案（试行）》
13	2022 年 3 月 8 日	《国家林业和草原局 财政部林长制激励措施实施办法（试行）》

（一）党中央、国务院出台相关政策

1987 年 6 月 30 日，《中共中央 国务院关于加强南方集体林区森林资源管理坚决制止乱砍滥伐的指示》首次提出目标责任制的概念，明确实行领导干部保护、发展森林资源任期目标责任制。保护、发展森林资源，制止乱砍滥伐，应当作为各级领导，特别是县级领导的重要任务。同时，也强调要完善林业生产责任制。1994年5月16日,《国务院办公厅关于加强森林资源保护管理工作的通知》提出,坚持实行领导干部保护、发展森林资源任期目标责任制。1998年8月5日,《国务院办公厅关于保护森林资源制止毁林开垦和乱占林地的通知》指出,要把保护林地作为保护和培育森林资源任期目标责任制的重要内容,纳入领导干部政绩考核,严明奖惩,责任到位。

2003年6月25日,《中共中央 国务院关于加快林业发展的决定》明确提出,坚持并完善林业建设任期目标管理责任制。要合理划分中央和地方政府在林业建设方面的事权。各级地方政府对本地区林业工作全面负责,政府主要负责同志是林业建设的第一责任人,分管负责同志是林业建设的主要责任人。对林业建设的主要指标,实行任期目标管理,严格考核、严格奖惩,并由同级人民代表大会监督执行。各级地方党委组织部门和纪检监察机关,要把责任制的落实情况作为干部政绩考核、选拔任用和奖惩的重要依据。2004年6月5日,《国务院办公厅关于加强湿地保护管理的通知》指出,地方各级人民政府要加强对自然湿地保护的监管,组织力量对违法占用、开垦、填埋以及污染自然湿地的情况进行检查,依法制止、打击各种破坏湿地的违法行为,对造成湿地生态严重破坏的责任单位和个人要依法追究责任。

党的十八大以来,新一届中央领导集体对林业工作更加重视。2014年6月5日,《国务院办公厅关于进一步加强林业有害生物防治工作的意见》指出,进一步健全重大林业有害生物防治目标责任制,将林业有害生物成灾率、重大林业有害生物防治目标完成情况列入政府考核评价指标体系。在发生暴发性或危险性林业有害生物危害时,实行地方人民政府行政领导负责制,根据实际需要建立健全临时指挥机构,制定紧急除治措施,协调解决重大问题。2015年3月17日,《中共中央 国务院国有林场改革方案》指出,各省(自治区、直辖市)政府对国有林场改革负总责。《中共中央 国务院国有林区改革指导意见》指出,强化地方政府保护森林、改善民生的责任。地方各级政府对行政区域内的林区经济社会发展和森林资源保护负总责……国有林区森林覆盖率、森林蓄积量的变化纳入地方政府目标责任考核约束性指标。林地保有量、征占用林地定额纳入地方政府目标责任考核内容。省级政府对组织实施天然林保护工程、全面停止天然林商业性采伐负全责,实行目标、任务、资金、责任"四到省"。地方各级政府负责统一组织、协调和指导本行政区域的森林防火工作并实行行政首长负责制。

2015 年 4 月 25 日，《中共中央　国务院关于加快推进生态文明建设的意见》明确要求，各级党委和政府对本地区生态文明建设负总责，要建立协调机制，形成有利于推进生态文明建设的工作格局。各有关部门按照职责分工，密切协调配合，形成生态文明建设的强大合力。2015 年 8 月 17 日，《中共中央办公厅　国务院办公厅党政领导干部生态环境损害责任追究办法（试行）》指出，地方各级党委和政府对本地区生态环境和资源保护负总责，党委和政府主要领导成员承担主要责任，其他有关领导成员在职责范围内承担相应责任。2016 年 12 月 12 日，《国务院办公厅印发关于〈湿地保护修复制度方案〉的通知》明确要求，地方各级人民政府对本行政区域内湿地保护负总责，政府主要领导成员承担主要责任，其他有关领导成员在职责范围内承担相应责任，要将湿地面积、湿地保护率、湿地生态状况等保护成效指标纳入本地区生态文明建设目标评价考核等制度体系，建立健全奖励机制和终身追责机制。

党的十九大以来，国家更加注重从制度层面加强组织领导，强化和压实地方各级党委和政府保护发展森林资源的主体责任。2018 年 11 月 30 日，时任中共中央政治局常委、国务院副总理的韩正同志在三北工程建设 40 周年总结表彰大会讲话时指出，要探索实行林长制等长效保护机制，压实地方党委和政府保护发展林草资源的主体责任，加强目标责任考核，确保各项措施落实到位。2019 年 6 月 16 日，《中共中央办公厅　国务院办公厅关于建立以国家公园为主体的自然保护地体系的指导意见》提出，加强自然保护地生态环境监督考核，组织对自然保护地管理进行科学评估，及时掌握各类自然保护地管理和保护成效情况，发布评估结果。适时引入第三方评估制度。对国家公园等各类自然保护地管理进行评价考核，根据实际情况，适时将评价考核结果纳入生态文明建设目标评价考核体系，作为党政领导班子和领导干部综合评价及责任追究、离任审计的重要参考。2020 年 3 月 23 日，《国务院办公厅关于在防疫条件下积极有序推进春季造林绿化工作的通知》明确指出，地方各级人民政府要强化造林绿化工作主体责任，落实造林绿化目标责任制。

2020 年 10 月 29 日，《中共中央关于制定国民经济和社会发展第十四个五年规划和二〇三五年远景目标的建议》指出，提升生态系统质量和稳定性，坚持山水林田湖草系统治理，强化河湖长制，加强大江大河和重要湖泊湿地生态保护治理，实施好长江十年禁渔。科学推进荒漠化、石漠化、水土流失综合治理，开展大规模国土绿化行动，推行林长制。2020 年 12 月 28 日，中共中央办

福建省南平市建瓯万木林保护区风光（黄海 摄）

公厅、国务院办公厅印发的《关于全面推行林长制的意见》指出，按照山水林田湖草系统治理的要求，在全国全面推行林长制，坚持生态优先、保护为主，坚持绿色发展、生态惠民，坚持问题导向、因地制宜，坚持党委领导、部门联动，建立健全以党政领导负责制为核心的责任体系，明确各级林（草）长的森林草原资源保护发展职责，确保到 2022 年 6 月全面建立林长制。

2021 年 3 月 30 日，《国务院办公厅关于加强草原保护修复的若干意见》指出，明确地方各级人民政府保护修复草原的主导地位，落实林（草）长制，充分发挥农牧民的主体作用，积极引导全社会参与草原保护修复；地方各级人民政府要把草原保护修复及相关基础设施建设纳入基本建设规划，加大投入力度，完善补助政策；省级人民政府对本行政区域草原保护修复工作负总责，实行市（地、州、盟）、县（市、区、旗）人民政府目标责任制。要把草原承包经营、基本草原保护、草畜平衡、禁牧休牧等制度落实情况纳入地方各级人民政府年度目标考核，细化考核指标，压实地方责任。

2021 年 6 月 2 日，《国务院办公厅关于科学绿化的指导意见》提出，全面推行林长制，明确地方领导干部保护发展森林草原资源目标责任。地方各级人民政府要切实履行科学绿化主体责任，明确相关部门的目标任务和落实措施。

2021 年 12 月 20 日，《国务院办公厅关于新形势下进一步加强督查激励的通知》指出，对全面推行林长制工作成效明显的市（地、州、盟）、县（市、区、旗），在安排中央财政林业改革发展资金时予以适当奖励。

（二）林草主管部门出台相关政策

2012 年 2 月 21 日，《国家林业局关于印发〈天然林资源保护工程森林管护管理办法〉的通知》指出，国家林业局负责组织、协调、指导、监督天保工程森林管护工作。天保工程区内的省、自治区、直辖市林业主管部门应当在人民政府领导下，加强森林管护工作的监督管理，分解森林管护指标，建立健全森林管护责任制，严格考核和奖惩。2016 年 9 月 9 日，《国家林业局印发关于着力开展森林城市建设的指导意见》明确提出，要推动森林城市建设纳入当地经济社会发展战略，摆上地方党委、政府的重要议事日程。要督促建立健全组织领导机制，加强对森林城市建设的人力、物力、财力支持。要协调相关部门各司其职、各负其责，形成森林城市建设合力。2018 年 11 月，《全国绿化委员会　国家林业和草原局关于积极推进大规模国土绿化行动的意见》指出，各地区要将大规模国土绿化纳入当地经济和社会发展规划、国土空间规划，落实领导干部任期国土绿化目标责任制，把国土绿化工作目标纳入地方政府年度考核评价体系。要大力推行"林长制"，建立省、市、县、乡、村五级林长制体系，形成党政领导挂帅、部门齐抓共管、社会广泛参与的新格局……强化行政推动，坚持和加强各级人民政府、各级绿化委员会对国土绿化工作的领导，完善领导体制，落实责任机制，为开展国土绿化行动提供坚强有力的组织保障。2019 年 3 月 28 日，《国家林业和草原局关于印发〈乡村绿化美化行动方案〉的通知》指出，坚持在各级党委政府领导下，以村为单位组织实施，动员村民自己动手，自觉投身乡村绿化美化行动……各地要将乡村绿化美化作为实施乡村振兴战略、农村人居环境整治的重要措施，在各级党委政府领导下，统筹推进乡村绿化美化行动各项任务。2019 年 6 月 21 日，国家林业和草原局印发的《松材线虫病生态灾害督办追责办法》提出，松材线虫病疫情防治实行地方各级政府行政领导负责制。2019 年 9 月 27 日，《国家林业和草原局关于切实加强秋冬季候鸟保护的通知》指出，各地要主动作为，积极履行野生动物主管部门的职责，建立健全野生动物保护领导责任制，推动将鸟类等野生动物保护纳入地方各级领导绩效考核内容。

2021 年 3 月 19 日，《国家林业和草原局贯彻落实〈关于全面推行林长制的意见〉实施方案》提出，各级党委、政府要狠抓责任落实，全面推动林长制实施工作，确保完成各项目标任务。4月2日，《国家林业和草原局关于科学防控松材线虫病疫情的指导意见》提出，实行疫情防控目标责任书制度，建立健全以林长制督查考核为主体的疫情防控监管制度体系。4月6日，《国家林业和草原局办公室关于成立国家林业和草原局林长制工作领导小组及其办公室的通知》提出，成立国家林业和草原局林长制工作领导小组及其办公室。国家林业和草原局主要负责同志任组长，领导小组贯彻落实党中央、国

江西省萍乡市安源略下阳光花海（安源区城郊管委会 摄）

务院决策部署和中央《意见》要求，指导各省全面推行林长制工作，向党中央、国务院报告工作进展情况。国家林草局林长办统筹实施林长制督查考核。8月18日，《国家林业和草原局 国家发展和改革委员会"十四五"林业草原保护发展规划纲要》明确了"十四五"期间我国林业草原保护发展的总体思路、目标要求和重点任务。其中第九章加强林草资源监督管理的第一节全面推行林长制中提到，"压实生态保护责任，贯彻落实中央《关于全面推行林长制的意见》，省、市、县、乡等分级设立林长，草原重点省（区）建立林

（草）长制。健全林长制工作机构。各级林长组织制定森林草原资源保护发展规划，落实保护发展林草资源目标责任制，协调解决区域重点难点问题"，"建立考核评价制度，设立林长制考核指标，重点督查考核森林覆盖率、森林蓄积量、草原综合植被盖度、沙化土地治理面积等规划指标和年度计划任务完成情况"。9月29日，《国家林业和草原局关于切实加强秋冬季候鸟等野生动物保护工作的通知》指出，各级林业和草原主管部门要认真组织协调各有关部门全面开展联防联控工作。压实各级林长保护鸟类等野生动物及其栖息地的责任，将野生动物及其栖息地的保护成效纳入林长制考核。12月30日，《国家林业和草原局 国家发展改革委 自然资源部 水利部关于印发〈东北森林带生态保护和修复重大工程建设规划（2021—2035年）〉的通知》明确指出，全面加强组织领导，坚持和完善党委领导、政府负责的重大工程建设领导机制。各级党委、政府要将实施工程建设作为推进生态文明建设、维护国家生态安全的一项基础性任务和重要抓手，切实加强组织领导和基础保障。

2022年2月28日，国家林业和草原局

印发《林长制督查考核办法（试行）》《林长制督查考核工作方案（试行）》，明确了林长制督查考核对象、主要内容、考核方式及结果运用等内容。2022年3月8日，《国家林业和草原局　财政部林长制激励措施实施办法（试行）》指出，通过对真抓实干、全面推行林长制工作成效明显的地方予以表扬激励，充分调动和激发各地保护发展林草资源的积极性、主动性和创造性，构建森林草原保护发展长效机制，进一步增强全面推行林长制工作成效，推动林草事业高质量发展。

二、法律依据

关于森林、草原、湿地、自然保护地、野生动植物保护、森林草原灾害防控、林长制实施运行等方面的法律法规对森林草原资源保护发展有关责任进行了规定。安徽省、江西省专门出台省级林长制条例，安徽省安庆市出台市级林长制条例，构成地方林长制工作的主要法律依据。本节系统梳理了8部相关法律、9部相关条例及3部地方性法规（详见表1-4）。

（一）国家级法律法规提出实行行政首长负责制

2019年12月28日修订的《中华人民共和国森林法》提出，地方人民政府可以根据本行政区域森林资源保护发展的需要，建立林长制，并于2020年7月1日起正式施行。2008年12月1日，新修订的《森林防火条例》提出，森林防火工作实行地方各级人民政府行政首长负责制。县级以上地方人民政府根据实际需要设立的森林防火指挥机构，负责组织、协调和指导本行政区域的森林防火工作。县级以上地方人民政府林业主管部门负责本行政区域森林防火的监督和管理工作，承担本级人民政府森林防火指挥机构的日常工作。县级以上地方人民政府其他有关部门按照职责分工，负责有关的森林防火工作。2018年3月19日新修订的《中华人民共和国森林法实施条例》提出，县级以上地方人民政府应当按照国务院确定的森林覆盖率奋斗目标，确定本行政区域森林覆盖率的奋斗目标，并组织实施。2021年4月29日，新修订的《中华人民共和国草原法》中第八条规定，国务院草原行政主管部门主管全国草原监督管理工作。县级以上地方人民政府草原行政主管部门主管本行政区域内草原监督管理工作。乡（镇）人民政府应当加强对本行政区域内草原保护、建设和利用情况的监督检查，根据需要可以设专职或者兼职人员负

江西省全南县虎头陂水库（王敏 摄）

责具体监督检查工作。

从这些法律法规可以看出，国家对森林和草原实行部门监管。2018 年 10 月 26 日，新修订的《中华人民共和国野生动物保护法》提出，县级以上人民政府应当制定野生动物及其栖息地相关保护规划和措施，并将野生动物保护经费纳入预算。1989 年 12 月 18 日发布的《森林病虫害防治条例》中提出，森林病虫害防治实行"谁经营，谁防治"的责任制度，地方各级人民政府应当制定措施和制度，加强对森林病虫害防治工作的领导。2014 年 4 月 24 日，新修订的《中华人民共和国环境保护法》提出，地方各级人民政府应当对本行政区域的环境质量负责，县级以上人民政府应当将环境保护工作纳入国民经济和社会发展规划。

2008 年 11 月 19 日修订的《草原防火条例》提出，草原防火工作实行地方各级人民政府行政首长负责制和部门、单位领导负责制。2017 年 10 月 7 日修订的《中华人民共和国自然保护区条例》提出，国家对自然保护区实行综合管理与分部门管理相结合的管理体制，国务院林业、农业、地质矿产、水利、海洋等有关行政主管部门在各自的职责范围内，主管有关的自然保护区，县级以上地方人民政府负责自然保护区管理的部门的设置和职责，由省、自治区、直辖市人民政府根据当地具体情况确定。2020 年 2 月 24 日，全国人民代表大会常务委员会审议通过的《关于全面禁止非法野生动物交易、革除滥食野生动物陋习、切实保障人民群众生命健康安全的决定》提出，各级人民政府和人民团体、社会组织、学校、新闻媒体等社会各方面，都应当积极开展生态环境保护和公共卫生安全的宣传教育和引导；各级人民政府及其有关部门应当健全执法管理体制，明确执法责任主体，落实执法管理责任，加强协调配合，加大监督检查和责任追究力度，严格查处违反本决定和有关法律法规的行为；县级以上地方人民政府负责野生植物管理工作的部门及其职责，由省、自治区、直辖市人民政府根据当地具体情况规定。2021 年修订的《中华人民共和国动物防疫法》提出，县级以上人民政府对动物防疫工作实行统一领导，采取有效措施稳定基层机构队伍，加强动物防疫队伍建设，建立健全动物防疫体系，制定并组织实施动物疫病防治规划。2017 年 10 月 7 日修订的《重大动物疫情应急条例》指出，重大动物疫情应急工作按照属地管理的原则，实行政府统一领导、部门分工负责，逐级建立责任制。2021 年 4 月 15 日施行的《中华人民共和国生物安全法》强调，地方各级人民政府要对本行政区域内生物安全工作负责，重视防范外来物种入侵与保护生物多样性。2022 年 6 月 1 日施行的《中华人民共和国湿地保护法》提出，县级以上地方人民政府对本行政区域内的湿地保护负责，采取措施保持湿地面积稳定，提升湿地生态功能。

（二）典型地方立法经验

2020 年 1 月 1 日，安徽省安庆市施行的《安庆市实施林长制条例》是全国首部林长制地方性法规，标志着安庆市林长制工作进入了法治化轨道。

2021 年 5 月 31 日，安徽省人民代表大会常务委员会审议通过《安徽省林长制条例》，并于 7 月 1 日起实施，这是全国首部省级林长制法规，明确了林长制总体要求，规定林长制工作任务，健全林长制运行机制，实现了安徽省林长制从"探索建制"到"法定成型"的飞跃。

2022 年 5 月 31 日，江西省人民代表大会常务委员会审议通过《江西省林长制条例》，并于 7 月 1 日起正式实施，这是全国第二部省级林长制条例，标志着江西省林长制工作步入法制化、规范化轨道。

这些法律法规的出台为全国林长制法制化建设探索了有益经验，也为森林草原资源保护发展提供更加有力的法律保障。

表 1-4 林长制有关法律法规文件

序号	名称	发布时间	修订时间
1	《中华人民共和国森林法》	1984 年 9 月 20 日	2019 年 12 月 28 日
2	《中华人民共和国草原法》	1985 年 6 月 18 日	2021 年 4 月 29 日
3	《中华人民共和国野生动物保护法》	1988 年 11 月 8 日	2018 年 10 月 26 日
4	《中华人民共和国环境保护法》	1989 年 12 月 26 日	2014 年 4 月 24 日
5	《中华人民共和国动物防疫法》	1997 年 7 月 3 日	2021 年 1 月 22 日
6	《中华人民共和国防沙治沙法》	2001 年 8 月 31 日	2018 年 10 月 26 日
7	《中华人民共和国生物安全法》	2020 年 10 月 17 日	2020 年 10 月 17 日
8	《中华人民共和国湿地保护法》	2021 年 12 月 24 日	2021 年 12 月 24 日
9	《植物检疫条例》	1983 年 1 月 3 日	2017 年 10 月 7 日
10	《森林防火条例》	1988 年 1 月 16 日	2008 年 12 月 1 日
11	《草原防火条例》	1993 年 10 月 5 日	2008 年 11 月 19 日
12	《植物检疫条例实施细则》（林业部分）	1994 年 7 月 26 日	2011 年 1 月 25 日
13	《中华人民共和国自然保护区条例》	1994 年 10 月 9 日	2017 年 10 月 7 日
14	《中华人民共和国野生植物保护条例》	1996 年 9 月 30 日	2017 年 10 月 7 日
15	《中华人民共和国森林法实施条例》	2000 年 1 月 29 日	2018 年 3 月 19 日
16	《退耕还林条例》	2002 年 12 月 14 日	2016 年 2 月 6 日
17	《重大动物疫情应急条例》	2005 年 11 月 18 日	2017 年 10 月 7 日
18	《安徽省林长制条例》	2021 年 5 月 31 日	—
19	《江西省林长制条例》	2022 年 5 月 31 日	—
20	《安庆市实施林长制条例》	2019 年 11 月 29 日	—

三、全面推行林长制的重大意义

（一）全面推行林长制是贯彻习近平生态文明思想的生动实践

党的十八大以来，以习近平同志为核心的党中央高度重视生态文明建设，坚持把马克思主义基本原理同中国生态文明建设实践相结合、同中华优

江西省浮梁县山区优美环境（江西省林业局 供图）

秀传统文化相结合，形成了习近平生态文明思想，指引和推动我国生态文明建设实现了重大理论创新、制度创新、实践创新。各地把全面推行林长制作为践行习近平生态文明思想的生动实践，牢固树立和践行绿水青山就是金山银山、山水林田湖草沙一体化保护和系统治理的理念，全面落实"党政同责""一岗双责"等要求，着力推动林草资源在严格保护中实现科学合理利用，林长制由试点探索到全国推开、由局部建设到全面建立，为传播、丰富和发展习近平生态文明思想发挥了重要的作用。

（二）全面推行林长制是维护国家生态安全的重要制度保障

以习近平同志为核心的党中央赋予了林草部门维护国家生态安全、夯实民族永续发展生态根基的重大职责和使命。习近平总书记指出，森林和草原是重要的自然生态系统，对维护国家生态安全、推进生态文明建设具有基础性、战略性作用。习近平总书记强调，生态环境是关系党的使命宗旨的重大政治问题，也是关系民生的重大社会问题；要用最严格制度最严密法治保护生态环境，加快制度创新，强化制度执行，让制度成为刚性约束和不可触碰的高压线；谁破坏了生态，就要拿谁是问。林草系统负责管理的森林、草原、湿地、荒漠四大生态系统和国家公园等各类自然保护地的总面积超过 100 亿亩，占陆域国土面积的 70% 以上，它们是维护国家生态安全的重要屏障。全面推行林长制坚持生态优先、保护为主，全面落实森林法、草原法、防沙治沙法、湿地保护法等法律法规，建立健全最严格的森林草原资源保护制度，不断提升森林和草原等生态系统的多样性、稳定性、持续性，为筑牢生态安全屏障、服务国家生态大局提供重要制度保障。

（三）全面推行林长制是推进林草治理体系和治理能力现代化的必然要求

我国古代很早就把关于自然生态的观念上升为国家管理制度，专门设立掌管山林川泽的机构，制定政策法令，这就是虞衡制度，这一制度一直延续到清代。新中国成立后，我们党对加强林草生态保护和建设作出了许多制度性安排，推出了自然保护区建设管理、全民义务植树等制度。党的十八大以来，以习近平同志为核心的党中央大力推进生态文明体制改革，强调林草兴则生态兴，要建立健全党政领导责任体系，明确各级林长的森林草原保护发展责任。通过建立全面保护天然林、湿地保护修复及以国家公园为主体的自然保护地体系等制度，进一步健全完善了生态保护修复领域的制度体系。全面推行林长制以压实地方各级党政领导干部责任为核心，以保护发展森林草原资源为目标，以制度体系建设为保障，以督查考核为手段，构建党政同责、属地负责、部门协同、源头治理、全域覆盖的长效机制，是提升林草治理体系和治理能力现代化的战略举措和治本之策，将有效解决林草资源保护的内生动力问题、长远发展问题、统筹协调问题。

（四）全面推行林长制是保障高品质生态产品供给的迫切需要

习近平总书记强调，良好生态环境是最公平的公共产品，是最普惠的民生福祉。中国特色社会主义进入新时代，既要创造更多物质财富和精神财富以满足人民日益增长的美好生活需要，也要提供更多优质生态产品以满足人民日益增长的优美生态环境需要。当前，林草工作仍面临着资源保护压力加大、发展体制机制不活、高质量林产品和高品质生态产品供给能力不足等问题，同人民群众的期盼相比还有较大差距。全面推行林长制，坚持生态保护、绿色发展、生态惠民相统一，既是做大做强做优森林草原资源的过程，又是全面提升林草资源生态、经济、社会功能的过程，有利于大力推进生态产业化和产业生态化，不断满足人民群众对优美生态环境、优良生态产品、优质生态服务的需求。

本章系统介绍了林长制的起源，梳理了林长制发展进程中经历的试点探索、全面推行和推深做实三个重要阶段，从工作目标、组织责任、制度保障、督查考核和构建长效机制五方面解读了林长制的概念，明确了林长制包括的指导思想、工作原则、主要任务等重要内涵，阐述了林长制的政策和法律依据、重要意义。

第二章

理论基础

林长制的产生和发展不仅是新时代生态文明建设生动实践的范例，更是建立在坚实的理论基础之上。习近平生态文明思想作为林长制改革的指导思想，是林长制理论体系的基础与核心，其他相关的支撑性基础理论还包括治理现代化理论、目标责任制理论和现代林业理论等。

第一节　习近平生态文明思想

党的十八大以来，以习近平同志为核心的党中央以前所未有的力度抓生态文明建设，推动生态文明理论创新、实践创新、制度创新，系统形成了习近平生态文明思想，指导我国生态环境保护发生了历史性、转折性、全局性的变化。习近平生态文明思想是中国特色社会主义生态文明建设的理论升华和实践结晶，是林长制改革的根本遵循和行动指南。

一、习近平生态文明思想的确立

为建设人与自然和谐共生的美丽中国，党的十八大首次将生态文明建设纳入中国特色社会主义总体布局，与经济建设、政治建设、文化建设、社会建设构成"五位一体"。党的十九大报告擘画了我国新时代生态文明建设的宏伟蓝图和实现美丽中国的战略路径，将坚持人与自然和谐共生作为新时代坚持和发展中国特色社会主义的十四个基本方略之一。党的十九大通过的《中国共产党章程（修正案）》将"增强绿水青山就是金山银山的意识"等内容写入党章。2018 年 5 月召开的全国生态环境保护大会确立了习近平生态文明思想，提出新时代推进生态文明和美丽中国建设必须坚持六项原则，即坚持人与自然和谐共生、绿水青山就是金山银山、良好的生态环境是最普惠的民生福祉、山水林田湖草是生命共同体、用最严格制度最严密法治保护生态环境、共谋全球生态文明建设。2022 年 7 月，《习近平生态文明思想学习纲要》出版，习近平生态文明思想的科学内涵被拓展为"十个坚持"，即坚持党对生态文明建设的全面领导，坚持生态兴则文明兴，坚持人与自然和谐共生，坚持绿水青山就是金山银山，坚持良好生态环境是最普惠的民生福祉，坚持绿色发展是发展观的深刻革命，坚持统筹山水林田湖草沙系统治理，坚持用最严格制度最严密法治保护生态环境，坚持把建设美丽中国转化为全体人民自觉行动，坚持共谋全球生态文明建设之路（中共中央宣传部等，2022）。"十个坚持"构成了习近平生态文明思想的核心要义，是新时代推进生态文明建设的根本指针。

二、习近平生态文明思想的核心要义

（一）坚持党对生态文明建设的全面领导

这是我国生态文明建设的根本保证。习近平总书记指出，生态环境是关系党的使命宗旨的重大政治问题。这一论述将生态环境保护与党的宗旨直接相联，同时把生态环境保护提升到前所未有的政治高度。

坚持党对生态文明建设的全面领导，要把生态文明建设摆在全局工作的突出位置，从思想、法律、体制、组织、作风上全面发力，全方位、全地域、全过程加强生态环境保护。要落实领导干部生态文明建设责任制，严格实行党政同责、一岗双责。地方各级党委和政府主要领导是本行政区域生态环境保护第一责任人，对本行政区域的生态环境质量负总责，要做到重要工作亲自部署、重大问题亲自过问、重要环节亲自协调、重要案件亲自督办，压实各级责任，层层抓落实。各级领导干部要心怀"国之大者"，不断提高政治判断力、政治领悟力、政治执行力，切实担负起生态文明建设的政治责任，确保党中央关于生态文明建设的各项决策部署落地见效。

（二）坚持生态兴则文明兴

这是我国生态文明建设的历史依据。生态兴则文明兴，生态衰则文明衰。习近平总书记强调，生态环境是人类生存和发展的根基，生态环境变化直接影响文明兴衰演替。这一论述表明生态环境与文明兴衰有内在联系。

自工业文明时代以来，人类以牺牲生态环境为代价创造了巨大物质财富，导致人与自然深层次矛盾日益显现。生态破坏和环境污染给人类的生存和发展带来了严峻挑战和巨大损失。这些深刻教训告诫我们，发展经济的同时必须尊重自然规律，否则将会遭到自然的报复。生态文明是人类社会进步的重大成果，人类文明发展经历了原始社会文明、农业文明、工业文明，生态文明是工业文明发展到一定阶段的产物，是实现人与自然和谐发展的新要求。

我们必须深刻认识到生态环境是人类生存最为基础的条件，认识到加强生态文明建设的重要性和必要性，以对人民群众、对子孙后代高度负责的态度和责任，协调好保护生态环境与发展经济的关系。

（三）坚持人与自然和谐共生

这是我国生态文明建设的基本原则。习近平总书记指出："自然是生命之母，人与自然是生命共同体。"这一论述表明人因自然而生，人与自然是一种共生共荣的关系。

大自然是人类赖以生存发展的基本条件。人类可以利用自然为自己的生存和发展服务，也可以改造自然。但是，人类归根结底是自然的一部分，必须尊重自然界的客观规律，呵护自然，不能凌驾于自然之上。要像保护眼睛一样保护生态环境，像对待生命一样对待生态环境。人与自然和谐共生是中国式现代化的一个重要特征，促进人与自然和谐共生是中国式现代化的本质要求。必须牢固树立和践行绿水青山就是金山银山的理念，站在人与自然和谐共生的高度来谋划发展，坚持节约资源和保护环境的基本国策，坚持节约优先、保护优先、自然恢复为主的方针，加快发展方式绿色转型，深入推进环境污染防治，提升生态系统多样性、稳定性、持续性，积极稳妥推进碳达峰碳中和，推动形成人与自然和谐发展的现代化建设新格局。

（四）坚持绿水青山就是金山银山

这是我国生态文明建设的核心理念。绿水青山就是金山银山理念阐明了保护生态环境就是保护生产力、改善生态环境就是发展生产力的道理。

生态环境保护和经济发展是辩证统一、相辅相成的。生态环境保护的成败，归根到底取决于经济结构和经济发展方式。绿水青山既是自然财富、生态财富，又是社会财富、经济财富；保护生态环境就是保护自然价值和增值自然资本，就是保护经济社会发展潜力和后劲。要坚持生态优先、绿色发展，坚持生态效益、经济效益和社会效益相统一，积极探索生态产品价值实现路径，全面建立生态保护补偿机制，加快建立健全以产业生态化和生态产业化为主体的生态经济体系。要坚持在发展中保护、在保护中发展，实现经济社会发展与人口、资源、环境相协调，使绿水青山产生巨大生态效益、经济效益、社会效益。

（五）坚持良好生态环境是最普惠的民生福祉

这是我国生态文明建设的宗旨要求。习近平总书记指出："良好生态环境是最公平的公共产品，是最普惠的民生福祉。"这一论述指明生态环境在民生改善中的重要地位，丰富和发展了以人民为中心的思想。

良好生态环境是增进民生福祉的优先领域，是建设美丽中国的重要基础。解决好人民群众反映强烈的突出环境问题，既是改善环境民生的迫切需要，也是加强生态文明建设的当务之急。要坚持以人民为中心，积极回应人民群众所想、所盼、所急，重点解决损害群众健康的突出环境问题。深入打好污染防治攻坚战，让人民群众实实在在感受到生态环境质量改善。着力建设健康宜居美丽家园，让居民望得见山、看得见水、记得住乡愁。推动乡村生态振兴，坚持绿色发展，打造农民安居乐业的美丽家园。确保生态环境安全，防止各类生态环境风险积聚扩散，提高风险防范和应对能力，从而不断提升人民群众的获得感、幸福感、安全感。

（六）坚持绿色发展是发展观的深刻革命

这是我国生态文明建设的战略路径。习近平总书记强调："绿色发展是生态文明建设的必然要求。"生态环境保护的成败，归根结底取决于经济结构和经济发展方式。

绿色发展的要义是要解决好人与自然和谐共生问题。坚持绿色发展是对生产方式、生活方式、思维方式和价值观念的全方位、革命性变革，是对自然规律和经济社会可持续发展一般规律的深刻把握。推动绿色发展、循环发展、低碳发展，促进经济社会发展全面绿色转型，必须把实现减污降碳协同增效作为促进经济社会发展全面绿色转型的总抓手，加快建立健全绿色低碳循环发展经济体系，加快形成绿色发展方式，努力实现碳达峰碳中和，坚定不移走生态和经济协调发展、人与自然和谐共生的可持续发展道路。

（七）坚持统筹山水林田湖草沙系统治理

这是我国生态文明建设的系统理念。习近平总书记指出："生态是统一的自然系统，是相互依存、紧密联系的有机链条。"这一论述表明山水林田湖草沙是不可分割的生态系统，深刻揭示了生态系统的整体性、系统性及其内在发展规律。

生态系统是一个有机生命体，推进生态保护和修复必须遵循自然规律。生态保护和修复是一项系统工程。要运用系统论的思想方法管理自然资源和生态系统，把统筹山水林田湖草沙系统治理作为生态文明建设的一项重要内容来加以部署，不能再是头痛医头、脚痛医脚，必须统筹兼顾、整体施策、多措并举，更加注重综合治理、系统治理、源头治理，统筹考虑自然生态各要素、山上山下、地上地下、岸上水里、城市农村、陆地海洋以及流域上下游，实施好生态保护修复工程，加大生态系统保护力度，提升生态系统的多样性、稳定性、持续性。

（八）坚持用最严格制度最严密法治保护生态环境

这是我国生态文明建设的制度保障。习近平总书记强调："只有实行最严格的制度、最严密的法治，才能为生态文明建设提供可靠保障。"这一论述表明，必须把制度建设作为推进生态文明建设的重中之重。

建设生态文明，重在建章立制，用最严格的制度、最严密的法治保护生态环境。要加快制度创新，增加制度供给，完善制度配套，强化制度执行，保证党中央关于生态文明建设决策部署落地生根见效，让制度成为刚性的约束和不可触碰的高压线。深化生态文明体制改革，必须健全源头预防、过程控制、损害赔偿、责任追究的生态环境保护体系，构建产权清晰、多元参与、激励约束并重、系统完整的生态文明制度体系，健全党委领导、政府主导、企业主体、社会组织和公众共同参与的现代环境治理体系，推进生态环境治理体系和治理能力现代化。

（九）坚持把建设美丽中国转化为全体人民自觉行动

这是我国生态文明建设的社会力量。习近平总书记指出："生态文明是人民群众共同参与、共同建设、共同享有的事业。"每个人都是生态环境的保护者、建设者、受益者，没有哪个人是旁观者、局外人、批评家，谁也不能只说不做、置身事外。

建立健全以生态价值观念为准则的生态文化体系，弘扬生态文明主流价值观，培养热爱自然、珍爱生命的生态意识，让生态文化这种行为准则和价值理念自觉体现在社会生产生活的方方面面，在全社会扎根。建设美丽中国是全体人民的共同事业，人人都应该做践行者和推动者。加强生态文明宣传教育，增强全民节约意识、环保意识、生态意识，引导公众和社会组织共同参与，开展绿色生活创建活动，把建设美丽中国转化为每一个人的自觉行动。

（十）坚持共谋全球生态文明建设之路

这是我国生态文明建设的全球倡议。习近平总书记强调："生态文明是人类文明发展的历史趋势。"这一论述表明生态文明建设是全球人民的共同责任。

生态文明建设关乎人类未来，建设美丽家园是人类的共同梦想。面对生态环境挑战，人类是一荣俱荣、一损俱损的命运共同体，没有哪个国家能独善其身。我们要秉持人类命运共同体理念，同舟共济、共同努力，坚持人与自然和谐共生，坚持绿色发展，积极应对气候变化，保护生物多样性，努力构建公平合理、合作共赢的全球环境治理体系，为实现全球可持续发展、建设清洁美丽世界贡献中国智慧和中国方案。

这"十个坚持"深刻回答了新时代生态文明建设的根本保证、历史依据、基本原则、核心理念、宗旨要求、战略路径、系统观念、制度保障、社会力量、全球倡议等一系列重大理论与实践问题，构成了习近平生态文明思想的主要内容和核心要义。

三、林草兴则生态兴，生态兴则文明兴

习近平总书记对林草事业高度重视，作出了一系列重要论述和指示批示，指导和推动我国林草事业高质量发展。习近平总书记指出，我国总体上仍然是一个缺林少绿、生态脆弱的国家，植树造林，改善生态，任重而道远。"森林是陆地生态系统的主体和重要资源，是人类生存发展的重要生态保障。不可想象，没有森林，地球和人类会是什么样子。"习近平总书记强调，林业建设是事关经济社会可持续发展的根本性问题。每一个公民都要自觉履行法定植树义务，各级领导干部更要身体力行，充分发挥全民绿化的制度优势，因地制宜，科学种植，加大人工造林力度，扩大森林面积，提高森林质量，增强生态功能，提升生态系统碳汇增量，保护好每一寸绿色。各级党委和政府要以"功成不必在我"的思想境界，统筹推进山水林田湖草沙系统治理，加快城乡绿化一体化建设步伐，坚持科学绿化、规划引领、因地制宜，走科学、生态、节俭的绿化发展之路，久久为功、善做善成，共同把祖国的生态环境建设好、保护好。

2022 年 3 月 30 日，习近平总书记在参加首都义务植树活动时首次提出"林草兴则生态兴"。这七个字与"生态兴则文明兴"互为补充、相辅相成，生动形象地阐明了森林和草原在生态文明建设中的基础性、战略性地位。习近平总书记同时指出，"森林是水库、钱库、粮库，现在应该再加上一个碳库。""森林是水库、钱库、粮库"是习近平同志担任福建省宁德市地委书记时提出来的。"森林是水库"指的是森林具有涵养水源、净化水质的功能。

"森林是钱库"是指森林可以向人类持续提供多种产品，包括木材、动植物林副产品、化工医药资源等，森林还可以提供巨大的生态服务价值。"森林是粮库"是指森林是巨大的人类食物宝库，森林植物的果实、种子、叶子中含有人体所需的各种营养成分。当前在国家大力实施碳达峰碳中和的战略背景下，森林又凸显其碳库的功能。之所以说"森林是碳库"，是因为森林是陆地上最大的碳汇储备库，可以通过植物的光合作用存储二氧化碳。挖掘森林碳库功能，发挥林业碳汇效益，是应对气候变化、实现"双碳"目标的重要抓手。所谓林业碳汇是指林草等生态系统从大气中吸收二氧化碳的过程、活动或机制；通过植树造林、森林管理、植被恢复等措施，利用植物光合作用吸收大气中的二氧化碳，并将其固定在植被和土壤中，从而减少温室气体在大气中的浓度。

全面推行林长制要以习近平生态文明思想为根本遵循和行动指南。林长制的直接目标是全面提升森林和草原等生态系统功能，增加数量、提升质量，在实现第二个百年目标新征程上为人与自然和谐共生的美丽中国奠定良好和坚实的绿色基础。林长制的核心就是通过压实地方各级党委和政府保护发展森林草原资源的主体责任，不断提升党委领导和政府主导的治理能力，为林草治理体系和治理能力现代化及人与自然和谐共生的现代化保驾护航。

江西省芦溪县银河镇白鹭群（江西省林业局 供图）

第二节　治理现代化理论

全面推行林长制是推进林草治理体系和治理能力现代化的重要抓手，是推动国家治理体系和治理能力现代化的必然要求。现代治理（governance）的概念产生于 20 世纪 80 年代末公司治理改革的创新实践，到世纪之交时已经发展为政治学和公共管理领域新兴的理论范式。习近平总书记在党的十八届三中全会上提出国家治理体系和治理能力现代化的重大命题，并将之作为我国全面深化改革的总目标之一。治理现代化是一个包括治理体系现代化、治理能力现代化和治理效能现代化"三位一体"的有机整体。

一、国家治理现代化

党的十八届三中全会把"完善和发展中国特色社会主义制度，推进国家治理体系和治理能力现代化"作为我国全面深化改革的总目标。党的十九届四中全会则进一步明确了坚持和完善中国特色社会主义制度、推进国家治理体系和治理能力现代化的总体目标是，到我们党成立一百年时，在各方面制度更加成熟、更加定型上取得明显成效；到二〇三五年，各方面制度更加完善，基本实现国家治理体系和治理能力现代化；到新中国成立一百年时，全面实现国家治理体系和治理能力现代化，使中国特色社会主义制度更加巩固、优越性充分展现。这就要求坚持和完善支撑中国特色社会主义制度的根本制度、基本制度、重要制度，着力固根基、扬优势、补短板、强弱项，构建系统完备、科学规范、运行有效的制度体系，加强系统治理、依法治理、综合治理、源头治理，把我国制度优势更好转化为国家治理效能，为实现"两个一百年"奋斗目标、中华民族伟大复兴的中国梦提供有力保证。

从习近平总书记的相关重要论述和中央有关文件可以看出，国家治理现代化基本逻辑应该是：完善国家治理体系（构建系统完备、科学规范、运行有效的制度体系）——提高国家治理能力（加强系统治理、依法治理、综合治理、源头治理）——实现国家治理效能（建成富强民主文明和谐美丽的社会主义现代化强国），三者相辅相成，构成一个"三位一体"的有机整体。国家治理现代化应当包括治理体系现代化、治理能力现代化和治理效能现代化三个有机组成部分，缺一不可（林震 等，2021）。

（一）治理体系现代化

国家治理体系是在党的领导下管理国家的制度体系，包括经济、政治、文化、社会、生态文明和党的建设等各领域体制机制、法律法规安排，是一整套紧密相连、相互协调的国家制度（习近平，2014）。

从系统论的角度看，国家治理体系是多要素相互连接、互动协调的一套完整体系。治理体系现代化由治理主体、对象、方式、机制、向度、范围以及治理过程等诸多环节和要素组成，呈现出治理主体多元化、治理对象复杂化和治理方式多样化特征（陈进华，2019）。从治理主体的角度看，政府治理、市场治理和社会治理是国家治理体系中最重要的三个次级体系（俞可平，2019）。从治理过程角度看，国家治理体系至少应该包括国家治理的规划、决策、支持、评估和监督体系（戴长征，2014）。

（二）治理能力现代化

国家治理能力是一个国家制度执行能力的集中体现。从制度执行角度看，国家治理能力现代化主要表现为制度执行力。制度执行力直接影响制度优势能否转化为治理效能（杨开峰 等，2020）。也有学者认为国家治理能力现代化由四维治理能力构成，包括系统治理能力、综合治理能力、依法治理能力和源头治理能力。系统治理是治理的核心，综合治理是治理的重要手段，依法治理是治理的重要保障，源头治理是治理的根本（洪向华，2020）。系统治理是系统思维在治理领域的体现，综合治理强调多部门联合行动和多种手段综合运用，依法治理要求提高法治化水平，源头治理强调标本兼治、重在治本。

（三）治理效能现代化

治理效能是检验制度绩效的标准（燕继荣，2020）。"效能"作动词意为"行为主体贡献才能与效力"，作名词意为"事物所蕴含的有利作用"。国家治理效能是国家治理活动所产生的一系列有利作用或积极效果，表现为国家制度和国家治理体系所指向的治理目标的实现程度，是一个潜在性、过程性、结果性、指向性相统一的概念，治理过程有效和治理目标达成是深入理解国家治理效能的两个关键点（丁志刚 等，2021a，2021b；蒋洪强 等，2020）。林震（2021）率先提出治理效能现代化的概念，认为治理效能现代化是指治理的效率要高，效果要好，效益要明显，治理的成效有助于中国特色社会主义现代化强国目标的实现。

二、生态环境治理现代化

生态环境治理现代化是国家治理现代化对生态文明建设领域的客观要求，是国家治理现代化的有机组成部分，包括生态环境治理体系、治理能力和治理效能三个方面的现代化。

（一）生态环境治理体系现代化

生态环境治理体系现代化是指持续推进生态文明体制改革和制度创新进而构建产权清晰、多元参与、激励约束并重、系统完整的生态文明制度体系；在治理主体方面则是要构建党委领导、政府主导、企业主体、社会组织和公众共同参与的现代环境治理体系。

从治理主体角度看，生态环境治理体系现代化要求治理主体框架合理，权力界限清楚明晰，制衡机制科学有效（蒋洪强 等，2020）。从制度层级角度看，生态环境治理体系由根本制度、基本制度、具体制度三部分构成（刘建伟，2014）。从制度运行角度看，生态环境治理体系现代化包括政策法规体

福建省南平市森林景观（福建省林业局 供图）

系、思想理念体系、技术支撑体系、执行监督体系和目标责任考核体系等一系列系统完备的生态环境治理制度体系（陆昱，2018）。

（二）生态环境治理能力现代化

生态环境治理能力现代化是我国社会主义生态文明制度执行能力的集中体现，是四种治理能力在生态文明建设领域的实现过程，从治理主体角度来看是政府主导生态环境治理的能力、企业等市场主体治理生态环境的行动力以及社会组织和公众的参与能力不断提升的过程（郇庆治，2021）。

从治理主体角度看，生态环境治理能力可以看成是各治理主体能力的集合。王芳等（2017）认为生态治理能力现代化就是以政府为核心行动者的生态治理实践能力。还有部分学者认为生态环境治理能力包括政府、市场、社会等多元治理主体的能力。生态环境治理能力的核心是生态文明制度的执行能力，不仅包括政府主导能力，还包括企业等市场主体通过整合利用相关资源，采用合法、合理的工具手段治理生态环境的行动力，以及社会组织和公众的参与能力（郇庆治，2021；田章琪 等，2018；蒋洪强 等，2020）。在国家治理能力现代化的四维治理能力基础上，林震（2021）根据碳治理的特点，将"双碳"治理能力现代化概括为系统治理、综合治理、源头治理、依法治理、科学治理和持续治理六个维度的治理能力。系统治理要求从全要素、全过程、全方位、全地域、全寿命周期来治理；综合治理要求多个部门联合运用多种手段方法开展治理；源头治理要求溯源追本、不忘根本；依法治理要求实现治理的制度化、法治化；科学治理要求坚持实事求是、遵循客观的自然和社会发展规律进行科学谋划；持续治理是指治理是一个长期的过程，需要久久为功、持之以恒。

（三）生态环境治理效能现代化

生态环境治理效能现代化，是生态环境治理主体发挥生态文明制度优势，有效解决资源约束趋紧、环境污染严重、生态系统退化等问题，统筹做到生产发展、生活富裕、生态良好"三生共赢"，建设天蓝、地绿、水净、人和的美丽中国，最终实现人与自然和谐共生的现代化（林震，2021）。

三、林草治理现代化

林草治理现代化是我国生态环境治理现代化的重要组成部分，是新时代全面深化林草改革的根本遵循，是实现林草事业高质量发展的必然选择，也是建设生态文明和美丽中国的决定性因素。我国目前已经在实践层面提出林草治理体系和治理能力现代化的具体要求。

时任国家林业和草原局局长张建龙曾在全国林业和草原工作会议上提出，推进林草治理体系和治理能力现代化是一项长期而艰巨的重大任务，各级林草部门要以习近平新时代中国特色社会主义思想为指导，认真践行习近平生态文明思想，牢固树立绿水青山就是金山银山的理念，按照党中央、国务院的系列决策部署，着力构建系统完备、科学规范、运行有效的林草制度体系，全面提升系统治理、依法治理、综合治理、源头治理的能力，为林草事业现代化建设提供坚实保障。推进林草治理体系和治理能力现代化要着力完善和发展 13 个方面的制度建设：国土绿化制度、森林资源保护制度、国有林管理制度、集体林权制度、草原保护修复制度、湿地保护修复制度、荒漠化综合治理制度、自然保护地保护管理制度、国家公园保护制度、资源利用监管制度、林草法治保障制度、林草支撑政策制度、科技和人才支撑制度（国家林业和草原局，2020）。

林长制是推进林草治理体系和治理能力现代化的重要抓手。国家林业和草原局党委书记、局长关志鸥明确指出，全面推行林长制是提升我国生态文明领域治理体系和治理能力现代化的必然要求，也是今后一个时期森林草原资源保护发展的重大制度保障和长效工作机制（胡璐，2021）。中央《意见》虽然没有直接使用"林草治理体系和治理能力现代化"一词，但是把"按照山水林田湖草系统治理要求，在全国全面推行林长制，明确地方党政领导干部保护发展森林草原资源目标责任，构建党政同责、属地负责、部门协同、源头治理、全域覆盖的长效机制"纳入指导思想，把"坚持分类施策、科学管理、综合治理"纳入工作原则，把"强化统筹治理，推动制度建设，完善责任机制"纳入工作职责。安徽省、江西省、北京市、福建省等地的林长制实施文件均提出了林业治理现代化的目标。2017 年，安徽省在《关于建立林长制的意见》提出，力争到 2030 年全省森林资源保护管理法规制度进一步健全完善，林业治理能力和治理水平显著提高；2019 年，《安徽省创建全国林长制改革示范区实施方案》进一步明确要"积极推进林业治理体系和治理能力现代化"；2021 年，中共安徽省委办公厅、安徽省人民政府办公厅印发的《关于深化新一轮林长制改革的实施意见》提出，到 2025 年，林长制组织体系和目标责任体系更加完善，林业保护发展机制更加健全，政策保障制度更加完备，初步实现林业治理体系和治理能力现代化。2018 年，中共江西省委办公厅、江西省人民政府办公厅印发的《关于全面推行林长制的意见》明确，要着力构建森林资源保护发展长效机制，不断健全完善林业现代化体系，到2035 年基本实现林业现代化。北京市提出到 2035 年实现园林绿化治理体系和治理能力现代化；福建省要求到 2035 年初步实现林业治理体系和治理能力现代化；天津市明确到 2035 年要基本实现林草资源治理体系和治理能力现代化；浙江省提出到 2035 年年底基本实现林业高水平现代化。

在理论层面，林震、孟芮萱（2021）研究成果明确构建林长制治理现代化"三位一体"的分析框架：首先是构建"林长制"，建设系统完备、科学规范、运行有效的制度体系，实现治理体系现代化；其次是践行"林长（zhǎng）制"，让各级林长真正履职尽责，熟练掌握和运用四种治理能力（即系统治理、依法治理、综合治理、源头治理），统筹协调解决林草领域的实际问题，实现治理能力现代化；最后是实现"林长（cháng）治"，各级林长充分发挥制度优势，完成好国家规定的六项任务，在守护好绿水青山的同时为老百姓带来金山银山，实现治理效能现代化。

第三节　目标责任制理论

林长制是生态环境领域首长负责制和目标责任制的制度创新。行政首长负责制度的建立源于责任政府理论。"党政同责、一岗双责"是责任政府理论与我国国情结合的产物。中央《意见》要求"明确地方党政领导干部保护发展森林草原资源目标责任"，"建立健全以党政领导负责制为核心的责任体系"。林长制考核评价借鉴了政府绩效管理理论的思路，主要运用了目标管理这一绩效管理工具。林长制实施过程要综合运用目标管理理论，按照目标管理流程，制定好林长制的长期目标和绩效目标，认真执行目标任务并进行绩效考评，根据考核结果进行反馈和改进。

一、责任政府理论

（一）责任政府和政府责任

责任政府是近代民主政治发展的产物，"信奉权力来自人民并对人民负责"的理念，源于西方的"自然法思想"和"社会契约论"。马克思在《法兰西内战》一书中揭露了资产阶级政府"伪民主"的特性，对于资产阶级的责任政府形式要进行批判性的继承，他充分肯定了巴黎公社责任政府的重要特征，指出它与资产阶级政权的本质区别在于它是"属于人民、由人民掌权的政府"，是"由人民自己当自己的家"，是"真正的国民政府"和对人民"负责任的"政府。我国是以马克思主义为指导的社会主义国家，实行全过程人民民主，国家的权力属于人民，各级人民政府由同级人民代表大会选举产生并对其负责。有权必有责、有责要担当、用权受监督、失职要问责已经成为我国党和政府执政和行政的基本理念。

政府的责任范围通常根据政治与行政、政府与社会以及政府组织内部的各种关系来界定（金东日　等，2018）。从广义上看，政府责任指政府积极回应社会公众的需求，并采取积极的措施，公正、高效地实现公众的需求和利益的职责。从狭义上看，政府责任指政府机关及其工作人员因违反法律规定的义务、违法行使职权时所承担的否定性法律后果。一般认为，我国政府应当承担的责任包括政治责任、管理责任、法律责任、绩效责任、伦理责任及说明责任六个方面内容（李军鹏，2009）。

（二）行政首长负责制

行政首长负责制是世界各国普遍采用的一种行政领导体制，最早萌芽于英国。我国的行政首长负责制在 1982 年《中华人民共和国宪法》中得到正式确立，《中华人民共和国宪法》第 105 条规定："地方各级人民政府实行省长、市长、县长、区长、乡长、镇长负责制。"

行政首长负责制是指国家特定的行政机关首长在所属行政机关中处于核心地位，在本机关依法行使行政职权时享有最高决定权，并对该职权行使后果向代表机关负个人责任的行政领导制度，具有事权集中、权责明确、指挥灵敏、行动迅速的优点，对克服行政机关中责任不明、人浮于事、互相扯皮和效率低下的状况起到了积极作用（黄贤宏　等，1999）。

（三）党政同责、一岗双责

2013 年 7 月 18 日，习近平总书记在中央政治局常委会上提出，安全生产要"党政同责、一岗双责、齐抓共管"。这是在国家层面第一次对"党政同责、一岗双责"进行强调。

随着环境污染和生态破坏问题日益严重，中央高度重视生态文明建设工作，却仍然无法彻底解决生态环境治理中的"政府失灵"现象，为此必须通过制度创新，明确和落实党政领导干部主体责任，充分发挥其统筹协调作用（常纪文，2015）。2015 年 8 月，中共中央办公厅、国务院办公厅印发《党政领导干部生态环境损害责任追究办法（试行）》，规定了地方各级党委和政府对本地区生态环境和资源保护负总责，明确了追责情形和追责形式，并要求实行生态环境损害责任终身追究制。《党政领导干部生态环境损害责任追究办法（试行）》的出台是对传统环境保护监管体制的重大创新，也是对生态环境治理体系的丰富和发展。在生态环境领域，"党政同责、一岗双责"强调党委和政府在履行自己业务职责的基础上，在生态环境保护管理或监管方面共同承担责任。

江西省井冈山保护区风光（江西省林业局 供图）

二、政府绩效管理理论

各级党政领导是否履职尽责不仅要"听其言，观其行"，更要通过对其工作绩效进行科学合理的评价来确定。对于林长制来说，光有制度是不够的，还需要引入绩效管理的理论和方法，以期取得预期的政策目标。

（一）政府绩效管理的内涵

绩效是指组织或个人完成任务或达成目标的程度，或者说是取得的成绩或效益。绩效管理是指利用绩效信息帮助建立绩效目标，以分配资源和排列优先顺序，并通知管理者核实或改变目前的政策或项目的方向以达到目标，并报告完成目标的过程。绩效管理关注整个系统从输入、过程到输出、结构和影响的全部内容，包括绩效计划、执行、评价、监督、报告、反馈、改进等一系列过程，目的在于监测、诊断和持续改进绩效（马克·霍哲 等，2000）。通过对整个系统的调节、配置，全面考虑经济性、效率性、效果性以及公平性，从而实现短期与长期、局部与整体的科学发展目标（西奥多·H.波伊斯特，2005）。

绩效管理是创新政府管理方式的重要举措。党的十八大报告提出"创新行政管理方式，提高政府公信力和执行力，推进政府绩效管理"。十八届三中全会审议通过《中共中央关于全面深化改革若干重大问题的决定》，强调"严格绩效管理，突出责任落实，确保权责一致"。国务院工作规则明确规定"国务院及各部门要推行绩效管理制度和行政问责制度"。

（二）目标管理：政府绩效管理的工具

目标管理（Management By Objectives，MBO）是一种较为有效的组织绩效管理方法，最早于1954年由美国管理学家彼得·德鲁克提出。德鲁克认为，并不是因为有工作岗位才有目标，而应是先有目标才有工作岗位。目标管理是一个循环往复的过程，它的优点在于实行"参与式管理"，通过上下结合的方式进行反复协商和综合平衡，以使所确定的目标更加具有动员性和激励性，更加便于实现。

目标管理由明确目标、参与决策、规定期限和反馈绩效四个要素构成。第一，明确目标。目标是对期望绩效的简要概括，是具体的、可量化的和易操作的。第二，参与决策。绩效目标的制定和行动计划的安排应当由上级和下级共同商定完成，双方需要不断交换意见、达成共识。第三，规定期限。

管理者应明确规定每个目标的时间期限。第四，反馈绩效。目标管理实施过程中要通过检查和评价等措施，不断将目标完成情况反馈给有关部门和个人，以便于持续调整行动计划。

三、目标责任制

（一）目标责任制的内涵

目标责任制是目标管理理论和责任政府理论结合的产物，本质是一种绩效评价和问责机制。改革开放初期，目标责任制先后在农业生产管理和国有企业管理中得以运用，20 世纪 80 年代中期逐渐在地方政府管理中得到采用和推广。2000 年以来，随着政府绩效评估研究的兴起和问责概念的广泛传播，目标责任制逐渐引起地方政府管理者的关注。目标责任制是在中国本土化的科层制框架下政府自上而下层级间行政管理体制的集中体现，由上级政府向下级政府层层分解任务下达目标，并赋予其与目标任务相匹配的权力，以便调动各类资源来实现组织目标，上级政府通过目标考核的方式对下级政府任务执行进行控制监督，并根据绩效考评结果实行激励或问责（渠敬东 等，2009；陈小华 等，2019；尚虎平，2022）。

（二）生态环境领域的目标责任制

20 世纪 80 年代，目标责任制开始应用到林业和环保等领域，此后不断发展创新，形成今天的领导干部生态文明建设目标责任体系。

1. 环境保护目标责任制

1983 年，全国第二次环境保护会议将环境保护确定为基本国策，揭开了我国环境保护的新序幕。1989 年，第三次全国环境保护会议将环境保护目标责任制确定为八项环境制度之一。1989 年，《中华人民共和国环境保护法》发布，规定"地方各级人民政府，应当对本辖区的环境治理负责，采取措施改善环境质量。" 2000 年，修订后的《大气污染防治法》规定："地方各级人民政府对本辖区的大气环境质量负责，制定规划，采取措施，使本辖区的大气环境质量达到规定的标准"。但是，这些立法没有规定地方政府对本辖区环境质量如何负责以及承担何种责任，使这种规定难以得到具体实施。2008 年 2 月，修订后的《水污染防治法》有了很大进步，该法不仅规定了县级以上地方人民政府对本行政区域的水环境质量负责，还规定"国家实行水环境保护目标责任制和考核评价制度，将水环境保护目标完成情况作为对地方人民政府及其负责人考核评价的内容"。这一规定使地方人民政府对环境质量负责有了一定的可操作性。

2. 森林资源保护发展目标责任制

改革开放以来，为了解决长期存在的林木超量采伐、乱砍滥伐、盗伐等问题，严格加强森林资源管理，1987 年，《中共中央 国务院关于加强南方集体林区森林资源管理坚决制止乱砍滥伐的指示》要求对南方集体林区实行领导干部保护、发展森林资源任期目标责任制，将森林资源的消长作为县领导政绩考核的主要内容之一。1994 年，《国务院办公厅关于加强森林资源保护管理工作的通知》重申"坚持实行领导干部保护、发展森林资源任期目标责任制"。2003 年，《中共中央 国务院关于加快林业发展的决定》将林业建设任期目标管理责任制范围扩大到整个林业建设，规定："各级地方政府对本地区林业工作全面负责，政府主要负责同志是林业建设的第一责任人，分管负责同志是林业建设的主要责任人；对林业建设的主要指标，实行任期目标管理，严格考核、严格奖惩，并由同级人民代表大会监督执行。"目标责任制在保护和发展森林资源方面发挥了较大作用，但是由于配套制度缺失和制度执行缺位等原因，使得林业领域仍然存在重视造林绿化目标、忽视森林资源保护的情况，非法侵占林地的案件也时有发生。为此，2016 年以后，江西、安徽等省开始探索创新林长制，并取得了良好成效，得到了中央认可。2019 年，新修订的《森林法》第四条规定，"国家实行森林资源保护发展目标责任制和考核评价制度……地方人民政府可以根据本行政区域森林资源保护发展的需要，建立林长制。"

3. 领导干部生态文明建设目标责任制

2012 年，党的十八大把生态文明建设上升为中国特色社会主义事业"五位一体"总体布局的高度，首次提出要加强生态文明制度建设，强调"保护生态环境必须依靠制度"。2013 年，党的十八届三中全会在生态文明领域要求"建立系统完整的生态文明制度体系，实行最严格的源头保护制度、损害赔偿制度、责任追究制度"。2015 年，《中共中央 国务院关于加快推进生态文明建设的意见》明确要求"建立领导干部任期生态文明建设责任制"，《生态文明体制改革总体方案》提出"完善生态文明绩效评价考核和责任追究制度，开展领导干部自然资源资产离任审计，建立生态环境损害责任终身追究制，实行地方党委和政府领导成员生态文明建设一岗双责制等"。2018年6月，《关于全面加强生态环境保护 坚决打好污染防治攻坚战的意见》提出要落实领导干部生态文明建设责任制，严格实行党政同责、一岗双责。党的十九届四中全会进一步将"严明生态环境保护责任制度"归纳为坚持和完善生态文明制度体系的四大内容之一，要求建立生态文明建设目标评价考核制度，强化环境保护、自然资源管控、节能减排等约束性指标管理。2020年3月，中共中央办公厅、国务院办公厅印发《关于构建现代环境治理体系的指导意见》，提出要健全环境治理领导责任体系，包括开展目标评价考核，要求着眼环境质量改善，合理设定约束性和预期性目标，纳入国民经济和社会发展规划、国土空间规划以及相关专项规划。同时鼓励各地区制定符合实际、体现特色的目标，并对相关专项考核进行精简整合，不断完善生态文明建设目标评价考核体系，促进环境治理。

（三）目标责任制的运行逻辑

目标责任制的运行过程可分为目标制定、目标实施与考核、结果反馈三个环节。

1. 目标制定

目标制定是首要环节，它涉及从部门到岗位再到具体人员的目标细化，这些目标通过行政链条环环相扣、相互配合，形成协调统一、方向一致的目标体系，以主动对接上级政府的目标考核。当上级政府在一定时限内（一般为一年）的目标确定之后，下级政府和部门按照行政隶属关系对整体目标进行逐级分解，以指标命令的方式分派给所属单位，并最终落实到个人目标。此外，目标制定前会事先确定好激励与惩戒手段，在制度安排上将每一级的党政主要领导作为责任主体纳入目标责任体系中，以保证各级政府优先开展本项工作。

2. 目标实施与考核

在目标制定完成之后，目标责任制进入任务执行和监督考核阶段。各级政府部门主要设置类似于考评办、督查组之类的机构，专门负责监督下级政府或部门的执行情况。这种监督控制通常采取口头汇报、书面验收和实地考察三种方式。被考核部门的党政主要领导应向上级进行定期的工作汇报，对当前目标完成的进度、成效、问题以及对策等情况进行详细汇报说明。上级考核机构汇总查阅各个阶段目标完成情况的详细资料，核对部门工作台账，验收成果。此外，上级考核机构有时还会进行实地考察，对数据的真实性以及任务完成的实际效果进行专门复查。在任务执行阶段需要重点保证政府上级与下级、部门之间工作方向的一致性。

3. 结果反馈

当目标责任制的一个周期性工作任务结束后，上级政府会充分运用目标考核结果，根据考评内容，对下级政府和部门进行打分排名，并形成相对规范的考核结果运用体系。该体系主要包括激励与惩戒两个方面。激励一般分为物质激励、政治激励、精神激励三种方式。惩罚手段除了扣除未完成指标的分数外，可能还会取消本级政府或本部门所有项目的评优资格，甚至党政领导班子成员在一定期限内失去政治晋升的资格，并根据相关规定对主要负责人进行惩处。

第四节 现代林业理论

现代林业理论是我国林草建设发展的理论依据。20 世纪末以来，我国现代林业理论内涵持续丰富。随着可持续发展的兴起，生态林业理论在我国得以发展。"十四五"时期，林业、草原、国家公园"三位一体"融合发展成为我国林业发展的主线，进一步拓展了现代林业理论的外延。我国林草建设应以林长制改革为契机，在林业、草原、国家公园"三位一体"融合发展的基础上，采用可持续的生态林业发展模式，谋求实现森林草原资源的多功能效应，应用先进科学技术助力森林草原资源保护，注重与人类社会的协调发展，并通过完善林草治理体系，提升林草治理能力，以期实现林草现代化的目标。

一、中国现代林业理论

（一）中国现代林业理论的产生

随着世界各国林业的不断发展，林业从传统林业进入了现代林业的新阶段。在 17 世纪德国创立的森林永续利用理论基础上，先后产生了木材培育论、森林多功能理论、林业分工论、新林业理论、近自然林业理论、森林可持续经营理论等。改革开放初期，我国就有人提出了建设现代林业。当时人们简单地将现代林业理解为林业机械化，后来又一度走入了只讲生态建设、不讲林业产业的朴素生态林业误区。20 世纪末，中国林业工作者根据中国经济改革和林业实践发展现实，提出了中国现代林业理论，对指导我国的林业发展产生了积极作用。

（二）现代林业的内涵

我国学者普遍认为现代林业是运用先进科学技术，谋求森林多功能和高效益的林业。具有代表性的现代林业定义是江泽慧等（2008）提出的。他们认为现代林业是以建设生态文明为目标，以可持续发展理论为指导，用多目标经营做大林业，用现代市场机制发展林业，用现代法律制度保障林业，用对外开放扩大林业，用高素质新型务林人推进林业，努力提高林业科学化、机械化和信息化水平，提高林业发展的质量和效益，建设完善的林业生态体系、发达的林业产业体系和繁荣的生态文化体系。

二、生态林业理论

（一）生态林业的发展

生态林业是现代林业理论的重要内容。1992 年，联合国环境与发展大会召开后，生态林业的理论研究取得了重要进展。2003 年 6 月 23 日，《中共中央　国务院关于加快林业发展的决定》指出"生态需求已成为社会对林业的第一需求"，确立了以生态建设为主的林业发展战略，由此，我国林业完成了以木材生产为主向以生态建设为主的历史性转变。2012 年 7 月，全国林业厅（局）长会议召开，时任国家林业局党组书记、局长赵树丛明确提出了发展生态林业的理念，强调要"深入实施以生态建设为主的林业发展战略，以建设生态文明为总目标，以改善生态改善民生为总任务，加快发展现代林业"。2013 年 9 月，国家林业局印发《推进生态文明建设规划纲要（2013—2020年）》，为今后一段时间推进生态文明建设、发展林业提供指导和引领。2020年 5 月，《生态林业蓝皮书：中国特色生态文明建设与林业发展报告（2019—2020）》发布，该书不仅对我国生态林业发展状况进行了全面回顾和分析，而且填补了我国生态林业发展评估方法的空白。

（二）生态林业的内涵

生态林业是一种现代林业发展模式，是可持续发展的林业。张建国等（1996）认为生态林业是以现代生态学、生态经济学原理为指导，运用系统工程方法及先进的科学技术，充分利用当地自然条件和自然资源，通过生态与经济良性循环，在促进森林产品发展的同时，为人类生存与发展创造最佳环境的一种现代林业模式。谭世明（2002）认为生态林业是一种符合可持续发展思想的现代林业发展模式，其核心是追求生态经济的最佳平衡。沈满洪（2008）认为生态林业是以生态学、经济学原理和生态经济学原则为指导，遵循生态经济复合系统的规律，运用生态工程的方法，充分利用现代科学技术，实施林业综合集约经营，以发挥森林的多种功能，实现资源永续利用，提高林业的综合生产力，达到生态效益、经济效益和社会效益同步发挥，生态经济效益最高的生态经济型林业。韦小满（2011）认为生态林业是一种在经济学和生态学等原理的指导下建立起来的新型林业生产方式，是可持续发展的林业。

重庆市云阳县乡村生态林（付文生　摄）

三、林业、草原、国家公园"三位一体"融合发展

林业、草原、国家公园"三位一体"融合发展是我国"十四五"期间林业草原保护发展的主线，是林业草原事业发展的重要命题，为林草现代化奠定了扎实基础。

根据 2018 年国务院机构改革方案，为加大生态系统保护力度，统筹森林、草原、湿地监督管理，加快建立以国家公园为主体的自然保护地体系，保障国家生态安全，对原国家林业局的职责，农业部的草原监督管理职责，以及国土资源部、住房和城乡建设部、水利部、农业部、国家海洋局等部门的自然保护区、风景名胜区、自然遗产、地质公园等管理职责整合，新组建国家林业和草原局，由自然资源部管理。国家林业和草原局加挂国家公园管理局牌子，其主要职责是监督管理森林、草原、湿地、荒漠和陆生野生动植物资源开发利用和保护，组织生态保护和修复，开展造林绿化工作，管理国家公园等各类自然保护地等。

林业、草原、国家公园密切相关，互为补充，统一归属于自然生态系统之中。从要素构成看，三者都是林草部门生态治理的重要范畴，是生态保护和修复的基本对象；从历史背景看，森林和草原是传统行业，国家公园是新兴构想；从发展战略看，森林是增量提质，草原是保护利用，国家公园是系统治理；从几何布局上看，森林和草原是面，国家公园是点；从生态画卷看，森林和草原是底色，国家公园是点睛之笔（刘珉，2021）。

据统计，林业、草原、国家公园三位一体监管面积合计占我国国土总面积的 80% 以上，肩负我国生态文明和美丽中国建设的主体职责和历史使命，为我国林草事业发展带来了空前机遇（李世东，2022）。2021 年 8 月，《国家林业和草原局国家发展和改革委员会"十四五"林业草原保护发展规划纲要》印

发，指出"十四五"时期，林草事业发展要以习近平新时代中国特色社会主义思想为指导，认真践行习近平生态文明思想，牢固树立绿水青山就是金山银山理念，坚持尊重自然、顺应自然、保护自然，坚持节约优先、保护优先、自然恢复为主，以全面推行林长制为抓手，以林业、草原、国家公园"三位一体"融合发展为主线，统筹山水林田湖草沙系统治理，推动林草高质量发展。

　　本章系统介绍了林长制产生和发展的理论基础。习近平生态文明思想在林长制理论体系中处于基础和核心地位，是林长制改革的统领性理论；治理现代化理论是林草治理现代化的理论来源，只有推进制度落地落实，不断提高制度执行力，才能将制度优势转化为治理效能；目标责任制理论包含的责任政府理论、政府绩效管理理论和目标管理理论是林长制工作实施的出发点，体现了林长制的本质特征；现代林业理论明确了我国林草建设发展的总体要求，是林草现代化建设的重要理论遵循。正是在这些理论的指导下，我国林长制从探索实践创新走向全面推行并不断完善发展。

江西省永修县吴城镇湿地（江西省林业局 供图）

第三章

林长制
体系建设与运行

全面推行林长制关键在于建立健全林长制体系，完善各项保障措施，确保制度有效运行。本章聚焦森林草原资源保护发展重点，结合各地实践经验，从组织体系、责任体系、制度体系、考核评价体系、运行保障体系等方面，系统阐述林长制体系建设及运行，有效推动各级党委政府全面推行林长制改革，进一步压实各级党委政府保护发展森林草原资源目标责任，构建长效机制，更好推动生态文明和美丽中国建设。

第一节　组织体系

组织体系是推行林长制工作的基础。建立上下衔接、系统完备的组织体系是压实各级党委和政府保护发展森林草原资源的关键。中央《意见》指出，各省（自治区、直辖市）设立总林长，由省级党委和政府主要负责同志担任；设立副总林长，由省级有关负责同志担任，实行分区（片）负责。各省（自治区、直辖市）根据实际情况，可设立市、县、乡等各级林长。地方各级林业和草原主管部门承担林长制组织实施的具体工作。截至 2022 年 6 月，全国已全面建立林长组织体系，设立各级林长近 120 万名，省级 421 名、市级 4596 名、县级 4.3 万名、乡级 26 万名、村级 89 万名，奠定了林长制有效运行的组织基础。

一、各级林长

除北京市、天津市、上海市、重庆市及新疆生产建设兵团设立三级或四级林长之外，各省份均建立省、市、县、乡、村五级林长体系，各级均由党委和政府主要负责同志担任总林长。各级林长设立情况如下。

省级林长　一般由省级党委和政府主要负责同志担任总林长，实行双总林长制。北京市、天津市、河北省、山西省、吉林省、黑龙江省、安徽省、江西省、山东省、河南省、重庆市、四川省、贵州省、新疆维吾尔自治区 14 个省（自治区、直辖市）及新疆生产建设兵团，设立省级总林长、副总林长和省级林长，其中省级副总林长由党委和政府分管负责同志担任，林长由党委和政府其他有关负责同志担任。内蒙古自治区、辽宁省、上海市、江苏省、浙江省、福建省、湖北省、湖南省、广东省、广西壮族自治区、海南省、云南省、西藏自治区、陕西省、甘肃省、青海省、宁夏回族自治区共 17 个省（自治区、直辖市），设立省级总林长、副总林长，其中省级副总林长由党委和政府有关负责同志担任。省级总林长是全省林长制改革的"总指挥""总督导"，主要职责是负总责、抓统筹，组织全省林草生态建设和相关重点生态功能区林草生态保护修复工作。

市级林长 通常参考上一级林长组织形式设立，即市级党委和政府主要负责同志担任市级总林长（副总林长），其他市级领导担任市级副总林长（市级林长）。北京市、天津市、河北省、山西省、吉林省、江西省、山东省、河南省、贵州省、陕西省 10 个省（直辖市），设立市（区）级总林长、副总林长和市（区）级林长。上海市、青海省、内蒙古自治区、辽宁省、黑龙江省、福建省、湖南省、广东省、广西壮族自治区、海南省、四川省、云南省、甘肃省、宁夏回族自治区、新疆维吾尔自治区 15 个省（自治区、直辖市）及新疆生产建设兵团，设立市（区）级总林长、副总林长。江苏省、浙江省、安徽省、湖北省、重庆市、西藏自治区 6 个省（自治区、直辖市）根据实际情况设立林长。市级林长主要职责是指挥协调，负责督促指导责任区内森林草原资源保护发展和协调解决责任区内重点难点问题等工作。

县级林长 通常参考上一级林长组织形式设立，即县级党委和政府主要负责同志担任县级总林长（副总林长），其他县级领导担任县级副总林长（县级林长）。河北省、山西省、吉林省、江西省、山东省、河南省、贵州省、陕西省 8 个省，设立县级总林长、副总林长和县级林长。青海省、内蒙古自治区、辽宁省、黑龙江省、福建省、湖南省、广东省、广西壮族自治区、海南省、四川省、云南省、甘肃省、宁夏回族自治区、新疆维吾尔自治区 14 个省（自治区、直辖市）及新疆生产建设兵团，设立县级总林长、副总林长。江苏省、浙江省、安徽省、湖北省、重庆市、西藏自治区 6 个省（自治区、直辖市）根据各县实际情况设立林长。县级林长主要职责同市级林长类似，负责组织执行上级林草改革发展政策，协调解决林长制改革推进中的重点难点问题。

乡级林长 通常参考上一级林长组织形式设立，即乡级党委和政府主要负责同志担任乡级林长，其他乡级领导担任乡级副林长。北京市、天津市、河北省、山西省、辽宁省、吉林省、黑龙江省、上海市、安徽省、江西省、山东省、湖南省、广东省、广西壮族自治区、海南省、四川省、贵州省、云南省、陕西省、甘肃省、青海省、宁夏回族自治区、新疆维吾尔自治区23个省（自治区、直辖市）的乡镇，设立乡（镇）级林长、副林长。内蒙古自治区苏木（乡级行政区）设立乡（镇）级林长。江苏省、浙江省、福建省、河南省、湖北省、重庆市、西藏自治区7个省（自治区、直辖市）的乡镇，根据实际情况设立乡（镇）级林长、副林长，或仅设立乡（镇）级林长。乡级林长主要职责是督导、调度、协调，负责落实基层具体管护任务和本行政区域资源保护与发展工作，监督管理村级林长履职情况，协调解决本行政区域林长制工作中的重点、难点问题，落实上级部署交办的各项工作任务。

村级林长 村级林长和副林长通常分别由村主要负责同志和分管同志担任。河北省、山西省、安徽省、江西省、山东省、湖南省、广东省、陕西省、甘肃省、宁夏回族自治区、新疆维吾尔自治区11个省（自治区）及新疆生产建设兵团，设立村级林长、副林长。北京市、天津市、内蒙古自治区、辽宁省、吉林省、黑龙江省、浙江省、广西壮族自治区、重庆市、四川省、贵州省、云南省、青海省13个省（自治区、直辖市），仅设立村级林长。江苏省、福建省、河南省、湖北省、海南省、西藏自治区6个省（自治区）根据实际情况设立村级林长、副林长，或仅设立村级林长。村级林长主要职责是抓最后一道防线，以生态护林员为基础，组建群众性护林队伍，实施造林、抚育、护林、防火等具体工作。

表 3-1 各省份分级设立林长情况

省份	省级	市级	县级	乡（镇）级	村级
北京市	设立总林长、副总林长、市级林长。总林长由市委书记和市长担任，副总林长由市委副书记和市政府分管副市长担任；市级林长由市委市政府有关领导担任	设立总林长、副总林长、区级林长。总林长由区委书记和区长担任，副总林长由区委副书记和区政府分管副区长担任，区级林长由有关区领导担任	—	设立林长、副林长，分别由乡镇（街道）党（工）委和政府（办事处）主要领导、有关领导担任	设立林长，由村（社区）党组织书记担任

（续表）

省份	省级	市级	县级	乡（镇）级	村级
天津市	设立总林长、副总林长、林长。总林长由市委书记和市长担任，副总林长由市委副书记和分管副市长担任，林长由市委、市政府有关领导担任	设立总林长、副总林长、林长。总林长由区委书记和区长担任，副总林长由区委副书记和分管副区长担任，林长由区级有关领导担任	—	设立林长、副林长，分别由乡镇（街道）党（工）委和政府（办事处）主要负责同志、有关负责同志担任	设立林长，由村（社区）党组织书记担任
河北省	设立总林长、副总林长、省级林长。总林长由省委、省政府主要领导担任，副总林长由分管林业和草原工作的省领导担任，省级林长由其他省级领导担任	设立总林长、副总林长、林长，参照省级设立总林长、副总林长、林长	参照省级设立总林长、副总林长、林长	设立林长和副林长。由乡（镇、街道）党委和政府主要负责同志担任林长，其他有关负责同志担任副林长	设立林长和副林长。由村（社区）党组织书记、村（居）民委员会主任担任林长，其他有关负责同志担任副林长
山西省	设立总林长、副总林长、林长。总林长由省委书记、省长担任，副总林长由政府常务副职和分管副职担任，林长由副省长担任	设立总林长、副总林长、林长。总林长、副总林长参照省级设立，林长结合本地区实际按行政区域和国有林管理单位设立，由同级政府负责同志担任	参照市级设立总林长、副总林长、林长	设立林长、副林长。林长由同级政府主要负责同志担任，副林长由同级政府其他负责同志担任	设立林长，由村委会主任担任
内蒙古自治区	设立总林长、副总林长。总林长由自治区党委书记、自治区主席担任，副总林长由自治区党委副书记、自治区副主席担任	设立林长、副林长。各盟（市）根据实际情况，设立林长（或草长、林草长，下同）。盟（市）级林长由党政主要负责同志担任，副林长由同级党委副书记、政府有关负责同志担任	设立林长、副林长。各旗（县、市、区）可根据实际情况，设立各级林长，旗（县、市、区）级林长由党政主要负责同志担任，副林长由党委副书记和人民政府有关负责同志担任	苏木（乡镇）级林长由同级党政主要负责同志担任	嘎查（村）级林长由嘎查（村）党支部书记和嘎查（村）委员会主任担任

省份	省级	市级	县级	乡（镇）级	村级
辽宁省	设立总林长、副总林长。总林长由省委和省政府主要负责同志担任，副总林长由省级相关负责同志担任	设立林长、副林长。林长由同级党委和政府主要负责同志担任，副林长由同级相关负责同志担任	设立林长、副林长。林长由同级党委和政府主要负责同志担任，副林长由同级相关负责同志担任	设立林长、副林长。林长由乡镇（街道）党（工）委、政府（办事处）主要负责同志担任，副林长由同级相关负责同志担任	设立林长，由村（社区）党组织书记村委会（居委会）主任担任
吉林省	设立总林长、副总林长、区域林长。总林长由党委和政府主要负责同志担任，副总林长由党委和政府分管负责同志担任，区域林长由党委、政府其他有关负责同志担任	参照省级设立总林长、副总林长、区域林长	参照省级设立总林长、副总林长、区域林长	设立林长、副林长。林长由党委和政府主要负责同志担任，副林长由政府分管负责同志担任	根据实际情况设立林长，由村（社区）支部书记和村（居）委会主任担任
黑龙江省	设立总林长、副总林长、省级林长。总林长由省委和省政府主要负责同志担任，副总林长由省政府分管林草工作的负责同志担任，省级林长由分管林草、自然资源、森工企业工作的副省长担任（兼任）	设立林长、副林长。林长由市（地）党委和政府（行署）主要负责同志担任，副林长由同级党委和政府（行署）分管负责同志担任	设立林长、副林长，参照市级设立	设立林长、副林长，参照市级设立	设立林长，由村党组织、村委会负责同志担任
上海市	设立总林长、副总林长。总林长由市党政主要领导担任，副总林长由市政府分管领导担任	设立总林长、副总林长。总林长由区党政主要领导担任，副总林长由区政府分管领导担任	—	设立林长、副林长。林长由乡镇（街道）党政主要领导担任，副林长由乡镇（街道）分管领导以及有关领导担任	—

（续表）

省份	省级	市级	县级	乡（镇）级	村级
江苏省	设立总林长、副总林长。 总林长由省委书记和省长担任，副总林长由省政府分管副省长担任	根据实际情况设立	根据实际情况设立	根据实际情况设立	根据实际情况设立
浙江省	设立总林长、副总林长。 省委和省政府主要领导担任总林长，分管林业的省级负责同志担任副总林长，省政府分管公安的负责同志担任副总林长兼林区总警长	根据实际情况设立	根据实际情况设立	根据实际情况设立	设立林长和山场林长，由村书记（主任）担任
安徽省	设立总林长、副总林长，重点生态功能区域省级林长。 总林长由党委和政府主要负责同志担任，常务副总林长由省委副书记担任，副总林长由政府分管负责同志担任，重点生态功能区域省级林长由省委常委和副省长担任	根据实际需要，分区域设立林长，由同级负责同志担任	根据实际需要，分区域设立林长，由同级负责同志担任	设立林长和副林长，分别由党委和政府主要负责同志和分管负责同志担任	设立林长和副林长，分别由村（社区）党组织书记和村（居）委会主任担任
福建省	设立总林长、副总林长。 总林长由省委和省政府主要负责同志担任，副总林长由省级有关负责同志担任	设立林长、副林长。 林长由同级党委和政府主要负责同志担任，副林长由同级有关负责同志担任	设立林长、副林长。 林长由同级党委和政府主要负责同志担任，副林长由同级有关负责同志担任	根据实际情况设立	根据实际情况设立

省份	省级	市级	县级	乡（镇）级	村级
江西省	设立总林长、副总林长、林长。 总林长和副总林长分别由党委和政府主要负责同志担任，林长由同级党委、人大常委会、政府、政协分管负责（对口联系）同志分别担任	设立总林长、副总林长、林长。 总林长和副总林长分别由党委和政府主要负责同志担任，林长由同级党委、人大常委会、政府、政协分管负责（对口联系）同志分别担任	设立总林长、副总林长、林长。 总林长、副总林长分别由县（区、市）党委和政府主要负责同志担任，林长由同级党委、政府负责同志担任	设立林长、副林长。 乡镇（街道）党委主要负责同志担任林长，政府主要负责同志担任第一副林长，其他负责同志担任副林长	设立林长和副林长。 村（社区）党组织书记担任林长，其他村（社区）干部担任副林长
山东省	设立总林长、副总林长、省级林长。 总林长由省委书记、省长担任，副总林长由省委副书记、常务副省长、分管副省长担任	设立总林长、副总林长、林长。 可参照省级组织形式设置	设立总林长、副总林长、林长。 可参照省级组织形式设置	设立林长、副林长	设立林长、副林长
河南省	设立省级第一总林长、总林长、副总林长、林长。 省级第一总林长由省委书记担任，总林长由省长担任，副总林长由不担任政府职务的省委副书记、负责省政府常务工作的副省长和分管副省长担任，林长由省委、省政府其他领导同志担任	设立第一总林长、总林长、副总林长、林长。 市级参照省级建立林长体系	设立第一总林长、总林长、副总林长、林长。 可参照省级建立林长体系	根据实际情况设立	根据实际情况设立

（续表）

省份	省级	市级	县级	乡（镇）级	村级
湖北省	设立总林长、副总林长。 总林长由省委和省政府主要领导同志担任，副总林长由省委副书记、省委常委和副省长担任	设立林长、副林长。 市委书记、市长担任林长，市委副书记、市委常委和副市长担任副林长。部分市设立总林长、副总林长	参照市级设立	参照市级设立	根据实际情况设立
湖南省	设立总林长、副总林长。 总林长由省委书记、省长担任，副总林长由省委常委、副省长担任	设立林长、副林长。 林长由同级党委和政府主要负责同志担任，副林长由同级政府负责同志担任	参照市级设立	参照市级设立	设立林长、副林长。 村（社区）党组织书记担任林长，村（居）委会成员担任副林长
广东省	设立第一总林长、总林长、副总林长。 第一总林长由省委主要负责同志担任，总林长由省政府主要负责同志担任，副总林长由省级有关负责同志担任	设立第一林长、林长、副林长，分别由党委、政府主要负责同志和有关负责同志担任	参照市级设立	参照市级设立	可根据实际情况设立林长和副林长，分别由村（社区）党组织书记、村（居）委会主任和有关委员担任
广西壮族自治区	设立总林长和副总林长。 总林长由自治区党委、自治区人民政府主要负责同志担任，副总林长由自治区党委专职副书记，自治区人民政府常务副主席及分管生态环境、林业、公安工作的副主席担任	设立林长、副林长。 林长由本级党委、人民政府主要负责同志担任，副林长人数设立和人选安排由各地根据实际工作需要确定	参照市级设立	参照市级设立	设立林长，由村党支部书记和村委会主任担任

省份	省级	市级	县级	乡（镇）级	村级
海南省	设立林长、副林长。林长由省委书记、省长担任，副林长由省委、省政府领导同志担任	设立林长、副林长。林长由本级党政主要负责同志担任，副林长由本级党政负责同志担任	参照市级设立	参照市级设立	根据实际情况设立
重庆市	设立总林长、副总林长、市级林长。总林长由市委和市政府主要负责同志担任	各区设立辖区林长，分别由同级党委、政府主要负责同志担任，各区结合实际，可设立片区林长	—	参照市级设立	设立林长，由村（社区）党组织书记担任
四川省	设立总林长、副总林长、省级林长。省委书记、省长担任总林长，省委专职副书记担任副总林长，其他省级领导同志担任省级林长	设立林长、副林长。由同级党委、政府主要负责同志任林长，相关负责同志任副林长，结合实际分片分区负责	参照市级设立	参照市级设立	设立林长，由村党组织书记担任，必要时可以设立副林长
贵州省	设立总林长、副总林长、林长。总林长由同级党委和政府主要负责同志担任，副总林长由分管林业、自然资源、生态环境工作的同级人民政府负责同志共同担任	参照省级设立	参照省级设立	参照省级设立	设立林长，由村（社区）党组织书记村（居）委员会主任担任
云南省	设立总林长、省级林长。总林长由同级党委和政府主要负责同志担任，省级林长分别由同级党委、政府有关负责同志担任	参照省级设立	参照省级设立	参照省级设立	设立林长，由村级党组织书记担任

省份	省级	市级	县级	乡（镇）级	村级
西藏自治区	设立总林长、副总林长。自治区党委、政府主要负责同志担任总林长，自治区党委、人大常委会、政府、政协、西藏军区、武警西藏总队等相关省级领导同志担任副总林长	根据各地实际设立林长、草长或林（草）长	参照市级设立	参照市级设立	根据实际情况设立
陕西省	设立总林长、副总林长。总林长由省委书记、省长担任，副总林长由省委副书记、常务副省长、分管副省长担任	设立总林长、副总林长、林长，结合本地实际设立	设立总林长、副总林长和林长。参照市级设立	设立林长、副林长，结合本地实际设立	设立林长和副林长，结合本地实际设立
甘肃省	设立总林长、省级林长。总林长由同级党委、政府主要负责同志担任，省级林长由同级党委、政府有关负责同志分别担任	参照省级设立	参照省级设立	参照省级设立	设立林长和副林长。由村支部书记担任林长，其他村干部担任副林长
青海省	设立总林长、副总林长。总林长由省委、省政府主要负责同志担任，副总林长由常务副省长、分管林业草原和农业农村工作的副省长担任	设立总林长和副总林长，分别由党委、政府主要负责同志和分管负责同志担任	参照市级设立	参照市级设立	设立林长，由村级党组织书记担任

（续表）

省份	省级	市级	县级	乡（镇）级	村级
宁夏回族自治区	设立总林长、副总林长。 总林长由自治区党委和政府主要领导同志担任，副总林长由自治区党委和政府部分省级领导担任	参照省级设立	参照省级设立	设立林长、副林长。 林长由乡（镇、街道）党（工）委或政府（办事处）主要负责同志担任，副林长由本级有关负责同志担任	设立林长和副林长。 村（社区）党组织书记担任林长，村（社区）委员会主任担任副林长
新疆维吾尔自治区	设立总林长、副总林长、省级林长。 自治区党委和政府主要领导担任总林长，自治区党委和政府分管领导担任副总林长，自治区党委和政府相关省级领导任省级林长	设立林长、副林长。 林长由市级党委和政府主要领导担任，副林长由同级党委和政府部分负责同志分别担任	参照市级设立	参照市级设立	设立林长、副林长。 行政村党组织书记和村委会主任分别担任林长、副林长
新疆生产建设兵团	设立总林长、副总林长、林长。 兵团党委、兵团主要领导担任总林长，兵团党委、兵团分管领导担任副总林长，兵团党委、兵团相关领导担任兵团级林长	—	设立林长、副林长。 团场党政主要领导担任相应的团场林长，相关领导担任相应的副林长	设立林长、副林长。 团场党政主要领导担任相应的团场林长，相关领导担任相应的副林长	设立林长、副林长。 连队（村）党组织书记和连长（村委会主任）分别担任连队（村）林长、副林长

二、林长办公室设立

一般设立省级、市级、县级、乡级林长办公室（以下简称"林长办"），各级林长办充分发挥"参谋助手"和"协调中枢"作用，全面服务林长履职尽责，与林长制协作单位各尽其责、协同发力，细化分解任务，持续跟踪问效，共同推进林长制工作。

（一）省级林长办组织设立

省级林长办一般设在省级林业和草原主管部门，林长办主任由省级林业和草原主管部门主要负责同志担任，负责领导林长办全面工作。北京市设在园林绿化主管部门，天津市设在市规划资源部门，上海市设在上海市绿化和市容管理局（市林业局），山东省设在自然资源部门；辽宁省、四川省、新疆维吾尔自治区等地林长办主任由省级政府分管负责同志担任，新疆生产建设兵团林长办主任由分管林草工作的兵团领导担任。

（二）市级林长办组织设立

市级林长办参照省级设立，市级林长办一般设在市级林业和草原主管部门，林长办主任由市级林业和草原主管部门主要负责同志担任，负责领导林长办全面工作。天津市内六区设在区城市管理部门，浙江省部分市设在自然资源部门，辽宁省、四川省、新疆维吾尔自治区等地市级林长办主任参照省级设置。

（三）县级林长办组织设立

县级林长办参照市级设立，一般设在县级林业和草原主管部门，林长办主任由县级林业和草原主管部门主要负责同志担任，负责领导林长办全面工作。北京市、上海市及天津市不设置县级林长办，辽宁省、四川省、新疆维吾尔自治区等地县级林长办主任参照市级设置，新疆生产建设兵团师市级林长办设在师市自然资源和规划局，林长办主任由分管林业草原工作的师市领导担任。

（四）乡镇、村级林长办组织设立

各省对乡镇、村级林长办设置未做明确要求，乡镇、村级林长办根据实际情况设置，部分地方乡镇林长办单独设立，或与乡镇林业工作站、自然资源部门等合署办公，新疆生产建设兵团团场级林长办设在农业发展服务中心，林长办主任由农业发展服务中心负责同志担任。

第二节　责任体系

　　责任体系是林长制工作的核心。构建权责清晰、职责明确的责任体系是压实各级党委和政府保护发展森林草原资源的关键之一。《中共中央　国务院关于加快生态文明建设的意见》明确要求各级党委和政府对生态文明建设负总责。《中共中央办公厅　国务院办公厅党政领导干部生态环境损害责任追究办法（试行）》规定，地方各级党委和政府对本地区生态环境和资源保护负总责，其他有关领导成员在职责范围内承担相应责任。林长制是"各级党委和政府对生态文明建设负总责"在林草领域的具体实践。中央《意见》指出，各地要综合考虑区域、资源特点和自然生态系统完整性，科学确定林长责任区域。各级林长组织领导责任区域森林草原资源保护发展工作，落实保护发展森林草原资源目标责任制，将森林覆盖率、森林蓄积量、草原综合植被盖度、沙化土地治理面积等作为重要指标，因地制宜确定目标任务；组织制定森林草原资源保护发展规划计划，强化统筹治理，推动制度建设，完善责任机制；组织协调解决责任区域的重点难点问题，依法全面保护森林草原资源，推动生态保护修复，组织落实森林草原防灭火、重大有害生物防治责任和措施，强化森林草原行业行政执法。

一、林长责任

　　各级党委和政府是推行林长制的责任主体，要积极构建以党政主要领导负责制为核心的责任体系，厘清各级林长职责，逐步形成一级抓一级、层层抓落实的工作格局，奠定"知责明责、履责尽责、追责问责"的责任基础。

（一）省级林长

　　省级总林长带头贯彻落实党中央、国务院关于生态文明建设的决策部署，对全省（自治区、直辖市）区域内森林草原资源保护发展负总责，指挥督导全面实施林长制工作，组织谋划重点工作，研究确定重大事项，带头解决重点难点问题，对各级林长工作进行总督导。省级副总林长按职责分工落实总林长决策部署，督导责任片区推深做实林长制，协调处理重大事项，督促有关部门协作完成重点工作。省级林长按照分工，落实省级总林长、副总林长工作部署，督促落实区域森林草原资源保护发展责任。

省级总林长通过组织召开总林长会议、签发总林长令、开展巡林调研等方式履职尽责，安排部署重点工作规划计划和任务，协调解决生态资源保护发展全局性重大问题；副总林长、林长分区划片，逐级负责，履职尽责，具体落实总林长安排部署的各项工作。各地明确各级林长责任区域，厘清责任边界。一般按照行政区域分区划片。例如，江西省划分省级责任区 11 个、市级责任区 111 个、县级责任区 1534 个、乡镇级责任区 16123 个、村级责任区 21290 个。部分省对重点生态功能区实行独立划片，例如，内蒙古自治区、吉林省、黑龙江省对森工集团、国有林业集团等重点生态功能区实行分区（片）负责；安徽省黄山、九华山等，山东省泰山、蒙山、崂山、昆嵛山，广东省鼎湖山、南岭、阴那山等，海南省热带雨林国家公园，贵州省长坡岭和百里杜鹃等国家级森林公园、梵净山国家公园等，陕西省秦岭、巴山、关中北山（含关山）、黄桥林区、白于山（含毛乌素沙地），甘肃省大熊猫国家公园、祁连山等，宁夏回族自治区贺兰山、六盘山、云雾山等，新疆维吾尔自治区天山西部片区、东部片区、阿尔泰山片区等，均作为重要生态功能区，由省级林长划片分区负责。

全面推行林长制以来，各地出台条例制度，规范林长履职尽责，全面压实林长责任。北京市通过印发《林长履职工作规范》，规定林长以工作调度、实地巡查、专项督查等形式履职，提出明确要求，一是总林长要对资源保护发展和安全负总责、实施总督导，组织贯彻党中央、国务院和市委市政府决策部署，组织制定相关保护发展规划和重大政策措施，落实林长制目标责任，领导林长制工作；二是副总林长协助总林长开展工作，统筹研究解决生态建设、生态保护、生态惠民等林长制改革发展的重大政策、重大问题，对督查、考核等各项工作具体负责，协调解决跨区域、跨部门、全局性突出问题；三是林长负责联系和督导责任区林长制推进工作，落实林长主体责任，对下一级林长履职监督检查，推进生态修复系统治理任务落实，强化资源保护管理，保障生态安全，督导问题整改。

（二）市、县级林长

市、县级林长负责贯彻落实党中央、国务院和本省（自治区、直辖市）关于生态文明建设的决策部署，对辖区内森林草原资源保护发展负总责，指挥督导全面实施林长制工作，落实辖区内森林草原资源保护发展目标责任，负责辖区内国土绿化、资源保护管理、自然保护地体系建设、野生动植物保护、灾害防控、产业发展等工作，协调解决辖区内森林草原资源保护发展重要问题。

各省省级林长主动履职，自上而下带动各级林长履职尽责，有效推动下级林长工作落地落实。安徽省为加强市、县（市、区）林长履职尽责，印发《关于提升林长履职效能的若干举措》，明确要求：一是落实林长会议制度，市、县两级总林长每年主持召开 1~2 次林长会议，深入学习贯彻习近平生态文明思想，认真落实党中央、国务院和省委、省政府的决策部署，分析《安徽省林长制条例》贯彻实施和林长制改革进展情况，听取林长会议成员单位和下级林长履职情况报告，审定工作计划，部署重点任务，研究政策措施，协调解决林业改革发展中的重要事项和难点问题。市、县（市、区）林长办要主动做好本级林长会议筹备工作，并根据林长会议研究的事项和确定的任务，逐一细化工作内容和完成时限，明确牵头负责的林长和林长会议成员单位，实行清单式、闭环式管理，定期调度和跟踪督办，全程做好服务和协调。二是落实林长巡林制度，市、县两级林长每年巡林不少于 2 次。林长巡林采取"四不两直"方式，深入了解"五绿"协同推进工作，检查督促下级林长履职情况，研究分析林长制改革存在的短板和弱项，指导和协调解决林业保护发展中的实际问题，将调查研究同督查督办有机结合起来，推动《安徽省林长制条例》全面贯彻实施，推动林业改革发展政策措施落地见效。市、县（市、区）林长办要提请林长适时开展巡林，并做好相关准备工作；对林长巡林发现的问题、交办督办的事项、提出的具体要求、听到的基层干部和群众反映意见等，逐一记录在册，建立清单，跟踪抓好落实，及时向林长报告办理情况。三是落实林长责任区制度，市、县两级林长的责任区要覆盖本行政区各类自然保护地，实行定点联系、定责到人、信息公开。林长要全面了解各自责任区内的林业资源保护管理情况，研究制定保护发展目标和规划方案，统筹推进生态保护修复的源头治理和各要素综合配套。

（三）乡（镇）级林长

乡（镇）级林长重在落实基层管护队伍和具体管护任务。职责主要包括：组织落实森林草原资源保护发展规划和林长制工作方案，完成森林草原资源保护发展目标任务，指导、督促村级林长履行职责；组织建立基层护林队伍，制定护林巡查制度，定期开展护林巡查；组织开展森林和草原防火宣传教育活动，排查森林和草原火灾隐患，加强野外火源管控；指导、督促森林、林木、林地的所有者、使用者和经营者履行主体管护义务；及时协调处理森林草原有害生物、森林和草原火灾隐患以及破坏森林草原资源行为等问题，并向上级林长和相关部门报告。

（四）村级林长

村级林长重在将组织落实的内容分解为具体日常工作，确保森林草原资源保护管理落到实处。职责主要包括：开展森林草原资源保护管理和防火、防灾宣传教育；组织、管理、督促和检查护林员开展护林巡林工作；协助督促森林、林木、林地的所有者、使用者和经营者落实主体管护义务；定期开展护林巡查，及时上报和协助解决森林火灾、林业有害生物发生危害等异常情况；及时劝阻非法采伐林木、猎捕野生动物、采集野生植物等破坏森林草原资源行为，并向上级林长和相关部门报告。

表 3-2　《安徽省林长制条例》规定各级林长责任体系

各级林长	主要责任
省级总林长、副总林长	负责组织领导全省林业资源保护发展工作，指挥督导林长制的全面实施，协调解决林业资源保护发展中的重大问题
省级林长	按照分工，协调解决影响重要区域林业资源安全的重大问题，督促落实区域林业资源保护发展责任
市、县（市、区）总林长、副总林长	①负责本行政区域的林长制工作，创新工作机制，推进林长制实施； ②组织制定、实施林长制规划和工作计划，明确林业资源保护发展的目标和任务，落实林业资源保护发展目标责任制以及林业重点发展任务； ③组织落实科学营林和森林可持续经营措施，强化科技支撑，督促推广先进适用的林业技术，提高林业科学技术水平； ④协调解决林业资源保护发展中的重点和难点问题，加强森林消防队伍建设，督促本级林业主管部门和相关部门严格规范公正文明执法； ⑤组织开展巡林护林检查，接受群众投诉举报和媒体监督，督促查处、整改林业资源保护管理工作中的问题； ⑥组织建立部门联动机制，督促、协调有关部门和下一级林长履行职责； ⑦督促林业等有关部门加强林业资源保护宣传教育和知识普及，增强社会公众生态保护意识； ⑧依法应当承担的其他职责

各级林长	主要责任
市级、县级林长	按照分工，落实林业资源保护发展目标、任务和责任，负责协调解决影响生态功能区域林业资源安全的重点问题
乡镇（街道）林长、副林长	①组织落实林业资源保护发展规划和林长制工作方案，完成林业资源保护发展的目标任务，指导、督促村级林长履行职责； ②组织建立基层护林队伍，建立护林巡查制度，定期开展护林巡查； ③组织开展森林防火宣传教育，排查森林火灾隐患，加强野外火源管控； ④指导、督促森林、林木、林地的所有者、使用者和经营者履行主体管护义务； ⑤及时协调处理林业有害生物、森林火灾隐患以及破坏林业资源行为，并向上级林长和相关部门报告； ⑥依法应当承担的其他职责
村（居）林长、副林长	①开展林业资源保护管理和防火、防灾宣传教育； ②组织、管理、督促和检查护林员开展护林巡林； ③协助督促森林、林木、林地的所有者、使用者和经营者落实主体管护义务； ④定期开展护林巡查，及时上报和协助解决森林火灾、林业有害生物发生危害等异常情况； ⑤及时劝阻非法采伐林木、猎捕野生动物、采集野生植物等破坏林业资源行为，并向上级林长和相关部门报告

表 3-3 《江西省林长制条例》规定各级林长责任体系

各级林长	主要责任
省、设区的市总林长、副总林长	负责组织领导本责任区林业资源保护发展工作，对责任区内林长制工作实施总督导，开展巡林工作，组织协调解决责任区内林长制实施和林业资源保护发展的重大问题
省、设区的市林长	负责督促指导责任区林业资源保护发展工作，开展巡林工作，协调解决责任区林业资源保护发展的重大问题
县（市、区）总林长、副总林长	①组织领导本责任区林业资源保护发展工作，督促落实林业资源保护发展目标责任制，推动林业改革、林业发展规划实施，组织完成林业资源保护发展任务； ②对责任区内林长制工作实施总督导，开展巡林工作，协调解决责任区内林长制实施和林业资源保护发展中的重点和难点问题；

（续表）

各级林长	主要责任
县（市、区）总林长、副总林长	③统筹推进以监管员、护林员为主体的林业资源源头管理体系建设，加强林业资源网格化、数字化管理； ④依法应当承担的其他职责
县（市、区）林长	督促指导责任区林业资源保护发展工作，推动落实林业资源保护发展目标、任务，开展巡林工作，协调解决责任区林业资源保护发展的重点和难点问题
乡镇（街道）林长、副林长	①协调做好责任区林业资源保护发展相关工作，督促加强野外火源管理和林业有害生物防治； ②开展巡林工作，督促指导村（社区）林长、副林长和监管员、护林员履行职责； ③督促指导林权权利人履行管护主体责任，指导经营主体发展林业生产； ④开展林业法律法规宣传； ⑤依法应当承担的其他职责
村（社区）林长、副林长	①开展巡林工作，及时发现并制止破坏林业资源的行为，并向乡镇（街道）林长、副林长或者相关部门报告； ②及时上报森林火灾、林业有害生物灾害等情况，协助做好森林防火等林业防灾减灾工作； ③督促指导林权权利人履行管护主体责任； ④开展林业法律法规宣传； ⑤依法应当承担的其他职责

二、林长办责任

（一）省级林长办责任

省级林长办承担省级林长制日常工作，组织落实省级总林长、副总林长、省级林长，以及省级林长联席会议议定的事项；负责林长制实施中组织协调、调度指导、督查考核等具体工作；协调省级林长联席会议成员单位履行工作职责；定期不定期发送建议函，提醒省级林长督促各级林长做好相关重点工作；监督指导市级、县级设立林长制工作专责机构，统筹组织、有序推进全省林长制工作。

广西壮族自治区、安徽省、云南省、福建省、四川省、贵州省、湖南省、黑龙江省8个省（自治区）严格规范省级林长办工作，保障林长制工作高效推进、有序运转。广西壮族自治区出台总林长办工作制度，明确自治区总林长办承担自治区层面林长制日常工作，落实督办自治区总林长、副总林长布置和自治区总林长会议议定的事项，组织、协调、监督、指导全区林长制工作。自治区总林长办可向市县党委、政府、林长制工作机构和自治区林长制成员单位发文布置任务、安排工作。自治区总林长令由自治区总林长或分管林业工作的副总林长签发，日常工作文件由自治区总林长办主任或副主任签发。因研讨、布置、协调工作需要，自治区总林长办可召开自治区林长制成员单位联席会议，召开市县林长制有关人员会议，重要的会议及议决事项应向自治区总林长或副总林长报告。有关单位应服从和执行会议决定。自治区总林长办至少每半年向总林长书面报告林长制工作情况1次，重要情况随时报告。自治区总林长办配备专职工作人员，原则上不少于5名。自治区总林长办工作经费列入自治区林业主管部门年度部门预算予以保障。

（二）市级林长办责任

主要职责为组织落实市级林长、市级联席会议议定的事项，定期不定期发送建议函，提醒市级林长督促县级林长做好相关重点工作，承担市级林长制日常工作。

全国部分市级林长办已经出台了相关工作制度，现以西藏自治区为例，分析市级林长办履职情况。市级林长办主任由市政府分管领导担任，主持办公室的全面工作，根据工作需要设立办公室副主任3名，由市政府分管副秘书长、市级林业和草原主管部门主要领导担任，协助主任负责办公室日常工作。重要性工作经主任同意后组织实施，一般性工作经副主任同意后组织实施。办公室工作人员从市级林（草）长会议成员单位抽调，并根据工作需要和上级规定，逐步配齐专职工作人员。办公室工作经费由财政核拨，主要用于聘请专家、咨询、调研、会议、办公室日常开支和其他必要的开支等。办公室主要职责包括：一是承担市级林（草）长会议的日常工作，组织、协调、监督、指导全市林（草）长制工作，规范完善市、县（区）、乡（镇）、村（居）四级林（草）长设立，健全组织架构，实现林（草）长制全覆盖；二是督办落实总林（草）长、副总林（草）长、市级林（草）长会议确定的事项；三是负责建立健全林（草）长制会议、考核、信息公开等制度和办法，规范林（草）长公示牌设置，确保林（草）长规范履职；四是监督、协调各项任务落实，组织实施林（草）长制综合性考核等工作，定期通报林（草）长制工作情况；五是承担林（草）长制信息化平台建设与管理工作；六是承办总林（草）长、副总林（草）长交办的其他工作。

（三）县级林长办责任

主要职责为全面协助林长履职尽责，统筹协调成员单位形成合力，督促指导下级林长办全面开展林长制工作，完善林长制体系建设，做好督查考核、宣传培训等日常工作。县级林长办可向各乡镇（街道）党（工）委、人民政府（办事处）、林长制工作机构和县级林长制成员单位发文布置任务、安排工作。

辽宁省本溪市桓仁满族自治县出台林长办工作制度，规定林长办是县级林长会议下设的办公机构，林长办设在林业和草原主管部门，林业和草原主管部门主要负责同志担任林长办主任，主持办公室的全面工作。林长办工作人员可根据工作需要从林草局抽调。林长办工作经费纳入年度预算，由财政统一安排，用于聘请专家、调研、会议、办公室日常开支和其他必要的开支等。林长办工作职责包括：一是承担县级林长会议的日常工作，组织、协调、监督、指导全县林长工作，规范完善县、乡、村三级林长设立，健全组织架构，实现林长制全覆盖；二是督办落实县级总林长、副总林长和林长，以及林长会议确定的事项；三是负责建立健全林长会议、考核、信息公开等制度和办法，规范林长公示牌设置，确保林长规范履职；四是监督、协调各项任务落实，组织实施林长制综合性考核等工作，定期通报林长制工作情况；五是承担林长制信息化平台建设与管理工作；六是负责组织、协调县级总林长、副总林长和林长定期开展巡林工作，建立县级林长巡林发现问题台账，实行闭环管理；七是承办县级总林长、副总林长和林长交办的其他工作。林长办内设综合岗、宣传岗和督察岗，其中，综合岗主要负责管理、协调办公室的日常工作，拟定林长制会议、考核、信息公开等制度和办法，总林长令、林长制年度工作计划，林长制总结和上报工作，相关档案管理等工作；宣传岗主要负责林长制工作宣传报道，信息收集、整理、报送与统计，制作信息简报、信息专报和工作通报，信息化平台建设与管理工作；督察岗主要负责对林长制工作进行日常督办检查，将举报事项及时转交责任区林长办，并对处理结果进行跟踪问效，对全县林长制进行综合性考核，定期公布考核结果，督促成员单位按照职责分工，落实责任，密切配合，协调联动，共同推进林长制工作。

乡镇、村级林长办主要职责为落实上级及本级林长部署，负责全乡镇林长制的组织实施、日常事务管理，承办上级林长制相关会议，下达年度工作任务，监督、协调各项任务落实，协调配合年度考核等工作。

三、成员单位责任

成员单位一般由林长办组织协调，按照相关制度程序，各部门之间相互协作，共同完成总林长部署的任务。通过明确成员单位各部门职责和任务，建立协作机制，优化资源配置，确保各部门工作顺畅进行，大幅提升解决重点、难点问题的能力。

云南省明确各成员单位职责，省委办公厅负责协调保障担任省级林长、省级督察的相关省委领导开展工作，同时督促指导林长制考评工作；省委组织部负责督促指导林长履职考评工作；省委宣传部负责督促指导林长制有关宣传教育和社会舆论引导等工作；省委政法委负责督促指导依法治林治草工作，省委改革办负责督促指导林长制改革任务落实；省委编办负责林长制推行中涉及的有关机构编制工作；省人大常委会办公厅负责协调组织开展省级林长制督察工作；省人民政府办公厅负责协调保障担任省级林长的省人民政府领导开展工作；省政协办公厅负责协调组织开展省级林长制督察工作；省发展改革委负责协调森林草原资源保护发展重点项目、资金等工作；省工业和信息化厅负责统筹推动森林草原产业第二产业发展等工作；省科技厅负责指导支持森林草原资源保护发展科技攻关等工作；省公安厅负责建立"森林警长"工作机制，组织指导各地公安机关依法打击破坏森林、草原、湿地等生态资源违法犯罪行为；省司法厅负责协调指导森林草原地方立法和行政执法监督等工作；省财政厅负责统筹解决保护发展森林草原资源所需经费等工作；省自然资源厅负责统筹优化森林草原生态用地，完善森林草原等自然资源资产产权制度等工作；省生态环境厅负责统筹生物多样性保护，督促指导森林草原生态保护与修复突出问题整改等工作；省住房城乡建设厅负责督促指导各地开展城市绿化等工作；省交通运输厅负责督促指导各地开展铁路、公路等交通沿线绿化，加强林区、草原道路基础设施建设等工作；省农业农村厅负责配合做好森林草原生态保护与修复、有害生物防治及林草产业发展等工作；省水利厅负责督促指导河道、湖泊、水库等管理范围内的造林绿化工作，加强林区、草原水利基础设施建设等工作；省文化和旅游厅负责指导生态旅游、森林康养等工作；省应急厅负责森林草原火灾应急处置等工作；省审计厅负责领导干部自然资源资产离任审计、重大森林草原资源保护发展资金使用审计等工作；省外办负责指导协调森林草原生态建设与保护国际交流合作，协调建立森林草原防灾减灾跨境联防联治机制；省市场监管局负责森林草原地方标准统一立项、统一审批、统一编号、统一发布等工作；省林草局负责组织编制和实施森林草原资源保护发展规划，强化资源监管和执法，组织实施生态系统保护和修复重大工程，构建以国家公园为主体的自然保护地体系，加强野生动植物和生物多样性保护，大力发展林草生态惠民产业，组织落实森林草原防灭火、重大有害生物防治责任和措施，承担林长制组织实施的具体工作；省乡村振兴局负责协同做好乡村生态治理、乡村振兴涉及森林草原资源保护发展等工作；省气象局负责森林草原防灾减灾的气象服务保障等工作；云南银保监局负责推动森林草原保险发展和森林草原贷款发放等工作。

第三节　制度体系

制度体系是推行林长制工作的关键。构建保障有力、运行有效的制度体系是压实各级党委和政府保护发展森林草原资源的重要基础。中央《意见》指出要建立健全林长会议制度、信息公开制度、部门协作制度、工作督查制度，研究森林草原资源保护发展中的重大问题，定期通报森林草原资源保护发展重点工作。各地紧紧围绕构建党政领导干部保护发展森林草原资源责任体系，作出制度安排，持续在制度建立、制度丰富、制度执行、制度运用上下功夫。从各地林长制实施情况看，各省均出台省级实施文件和中央《意见》规定的林长会议、信息公开、部门协作和工作督查制度，创新推出总林长令、"林长 +"协作机制等配套制度，创建林长制"1+4+N"制度体系。安徽省、江西省率先颁布省级林长制条例，将制度、政策、经验以立法形式予以固化，为进一步深化林长制改革提供重要法治保障。各省积极召开林长会议，加强部门协作，实施督查考核，主动公开信息，推动形成"长"按"制"办、以"制"促"治"的工作格局，真正发挥制度优势、制度效能，全面提升林草治理体系和治理能力现代化水平。

一、实施方案

中央《意见》印发以来，《国家林业和草原局关于印送贯彻落实〈关于全面推行林长制的意见〉实施方案的函》（以下简称《方案》）迅速制定并印发，指导各地认真贯彻落实党中央、国务院决策部署。各省（自治区、直辖市）立足本地实际，出台省、市、县级实施文件，其中，福建省、山东省、江西省、安徽省、海南省等地出台了进一步深化林长制改革的省级实施文件。

（一）国家林业和草原局印发实施方案

《方案》明确，各地要站在讲政治的高度，深刻认识全面推行林长制的重大意义，强化工作落实，争取到 2021 年 12 月 31 日前全面建立省、市、县、乡、村等各级林长体系，构建党政同责、属地负责、部门协同、源头治理、全域覆盖的保护发展森林草原资源长效机制。

要健全责任体系。坚持党委领导、党政同责，各省设立总林长，由党委和政府主要负责同志担任，各省总林长对本省森林草原资源保护发展负总责。统筹考虑区域森林草原资源特点和生态系统的完整性，特别是重点生态区域和生态脆弱地区的特殊性，划片分区，设立副总林长，由省级有关负责同志担任。各省可分级设立市、县、乡等各级林长、草长或林（草）长（统称"林长"）。村级基层组织根据实际情况，可设立村级林长。各级林长对责任区域的森林草原资源保护发展负责。

要明确工作机构。国家林业和草原局成立国家林业和草原局林长制工作领导小组（以下简称"国家林草局林长制领导小组"），由国家林业和草原局主要负责同志担任组长，设立国家林草局林长制领导小组办公室（以下简称"国家林草局林长办"），负责指导全国、各省（自治区、直辖市）林长制的实施、督查和考核等工作。各级林业和草原主管部门要按照中央《意见》和本省林长制实施文件的有关要求，在本级林长的领导下，承担林长制日常工作，统筹本区域内林长制组织实施和督查考核，负责横向和纵向的协调和沟通工作。

要强化责任落地。实施源头网格化管理，将区域内森林草原资源划定网格，明确管护责任，做到全域覆盖。整合优化生态护林员、草原管护员等各类管护队伍，充实基层管护力量，实行统一管理，确保每个网格都有相应的管护人员和基层林长负责，推动森林草原资源保护责任和措施落实落地，做到守林有责、守林尽责、失责必究。

要确定目标任务。各级林长要全面履行中央《意见》明确的工作职责，落实保护发展森林草原资源目标责任制。根据"十四五"等相关规划，到2025 年，全国森林覆盖率达到 24.1%，森林蓄积量达到 190 亿立方米，草原综合植被盖度提高到 57% 左右，湿地保护率达到 55%，60% 的可治理沙化土地得到治理。国家林业和草原局贯彻中央《意见》要求，将上述指标和以下主要工作任务，依据各地资源禀赋特点，分解落实到各省，纳入对省级总林长的考核范围，包括生态保护修复，支持保障政策，监督执法体系和基层基础建设，重大案件、重大火灾、重大有害生物发生处置情况等。各省要坚持以习近平生态文明思想为指导，全面贯彻落实党中央、国务院决策部署，根据本区域林草等资源分布状况，因地制宜编制实施方案，层层分解，纳入各级林长目标考核体系，确保目标任务落地落实。

要认真组织实施。各级党委、政府要全面落实党委领导、党政同责、属地负责、部门协同的要求，狠抓责任落实，全面推动实施，确保完成各项目标任务。一是把握进度安排。各省要按照中央《意见》要求，抓紧制定工作方案，并指导督促所辖市、县出台工作方案。已经开展林长制改革的地区，要总结经验，进一步完善林长制体系和工作机制。安徽省作为全国林长制改革示范区，要充分发挥示范引领作用。二是突出工作重点。要围绕中央《意见》提出的"五个加强一个深化"，结合本区域的资源禀赋特点和林草治理情况，紧扣目标要求，突出生态优先、严格保护，突出基层建设、夯实基础，突出精准提升、高质量发展。要坚持问题导向，细化实化工作任务，每年集中精力解决几个重要问题，提高中央《意见》实施的针对性和实效性，统筹推进山水林田湖草沙系统治理，不断推进林草治理体系和治理能力现代化。三是强化制度建设。要落实中央《意见》要求，建立健全林长会议、部门协作、信息公开、工作督查等各项制度。省级总林长每年主持召开会议不少于1 次，切实贯彻党中央、国务院有关决策部署，研究解决责任区域森林草原资源保护发展的重点难点问题，明确保护发展的目标任务、年度计划、工作重点、实施保障等；组织开展全面督查工作，每年不少于 1 次，根据需要适时组织专项督查。鼓励各地因地制宜，创新工作机制。四是加强调研总结。国家林业和草原局跟踪调研林长制推行情况，鼓励支持各地大胆探索创新，通过简报、网站、官方微博、现场会等多种形式，及时组织经验交流和试点示范，推动林长制改革不断规范和深化。五是重视宣传引导。积极运用各类媒体和手段，全方位多角度宣传林长制，凝聚社会共识，增强全社会保护发展森林草原资源的责任意识和参与热情，合力推进生态文明和美丽中国建设。

要强化保障措施。一是加强基层建设。加强县级林业和草原主管部门履职能力和乡镇林业（草原）工作站基础设施、人员队伍建设，改善履职需要的工作条件，提升基层支撑保障能力。加强行政执法、基层管护队伍和标准化工作站建设，严厉打击破坏森林、草原、湿地、自然保护地和野生动植物资源等违法违规行为。二是加大投入保障。各级要完善森林草原资源生态保护修复财政政策，加大公共财政支持力度，建立市场化、多元化资金投入机制，保障林长制工作经费。三是提升监测能力。加快推进林草生态网络感知系统建设应用。加强陆地生态系统定位观测站建设，积极运用卫星遥感等新技术手段，开展生态资源监测评价，建立完善森林草原资源一张图，建设林长制智慧信息系统和工作平台，不断提升资源监测监管智能化、精准化水平。四是夯实科技支撑。重点开展森林草原资源培育经营、生态修复保护和重大有害生物防治等关键技术研究，加强新技术、新成果的集成示范及转化应用，巩固扩大林草科技推广技术服务队伍。推进森林认证。强化森林草原资源保护发展的标准制定和推广应用。

要严格督查考核。一是强化督查。国家林草局林长办要统筹融合森林督查体系平台，负责组织开展全国林长制工作督查，重点是督查省级林长制推行情况。重点督查各省林长制体系建设推动实施情况，评估结果报党中央、国务院。国家林业和草原局各派出机构要把林长制实施情况纳入督查工作范畴，在国家林草局林长办的指导下，及时督查突出问题和重点工作。督查工作要有序开展，避免多头组织实施，减少基层负担。二是及时报告。各省林长制推行过程中的重大情况应及时报告党中央、国务院，抄送国家林业和草原局林长制领导小组，下级林长要及时向上级林长报告工作，年度总结不迟于下年度的 1 月底上报。国家林草局林长办要及时调度各地情况。三是严格考核。国家林业和草原局根据不同区域森林草原资源禀赋和功能特点，按照前述目标任务对各省总林长按年度和任期实行量化考核。考核结果报党中央、国务院，以适当方式进行通报，同时报中央组织部，作为地方有关党政领导干部综合考核评价的重要依据。具体考核办法另行制定。各省要按照分级负责的要求，由上级林长对下级林长实施考核。考核结果作为党政领导干部综合考核评价和自然资源离任审计的重要依据。考核内容、方式和结果运用由各地自行决定。

（二）省级实施方案

　　截至 2022 年 5 月底，全国 31 个省（自治区、直辖市）及新疆生产建设兵团均出台了省级层面全面推行林长制的实施方案。实施方案以习近平新时代中国特色社会主义思想为指导，全面贯彻党的十九大和十九届历次全会精神，认真践行习近平生态文明思想，牢固树立绿水青山就是金山银山理念，以落实各级党政领导干部保护发展森林草原资源目标责任为核心，构建党政同责、属地负责、部门协同、源头治理、全域覆盖的长效机制。

　　各省实施方案均明确组织体系、工作职责、主要任务、保障措施等方面的内容及要求，本章第一、二节分别对组织体系和责任体系做了详细介绍。各省根据本区域资源禀赋特点和林草治理情况，结合本省林草"十四五"发

湖南省怀化市排牙山国有林场（湖南省林业局 供图）

展规划的重点任务，明确主要任务。按照中央《意见》规定的"五加强一深化"，北京市提出严格园林绿化资源保护，山西省大力开展国土绿化提高森林质量效益，黑龙江省加强森林草原资源数字监管监测，上海市、江苏省加强森林经营，广东省创新推进林长制信息化建设，广西壮族自治区加强森林草原资源产权管理，重庆市建立落实山林资源损害问题发现与整治机制，四川省建立市场化多元化投入机制，贵州省发展林业产业实现森林资源永续利用，云南省发展绿色富民产业，西藏自治区强化执法司法监督管理，青海省完善林草法规制度，新疆维吾尔自治区、新疆生产建设兵团加强林果业提质增效。

二、基本制度

（一）林长会议制度

林长会议制度指为规范林长制工作议事程序、保障林长制工作有序开展而制定的制度，它提供了工作决策的议事平台。各省通常设置总林长会议、林长会议（或林长专题会议）、林长制协作单位联席会议。总林长会议由省级总林长或省级副总林长主持召开，原则上每年召开一次，会议主要贯彻落实党中央、国务院和省委、省政府有关决策部署和工作要求等内容。林长会议由省林长办按程序报请省级林长同意后，不定期召开，主要贯彻落实省委、省政府和总林长会议的决策部署及工作要求。林长制协作单位联席会议由林长办或林长制协作单位提出，林长办主任同意后不定期召开，主要贯彻落实国家部委和省委、省政府有关决策部署，以及省级林长的指示批示等内容。

（二）信息公开制度

信息公开制度指为规范林长制信息公开工作、提高信息资源利用效率和林长制工作透明度而制定的制度。各省基本建立了林长制信息公开制度，对公开内容、公开方式（或渠道、载体、形式）、公开主体（承办机构）、公开程序、公开工作要求（例如公开时间、时限等）等方面进行了规定。少部分省虽然没有明确建立信息公开制度，但制定了信息通报或报送制度，涵盖了部分信息公开（或网络发布）的内容。

信息公开内容一般包括：各级党委、政府及有关部门发布的与林长制工作有关的政策文件、规章制度、技术标准等；林长制目标任务及完成情况、考核情况、森林草原资源保护发展情况等；林长制工作规划、计划、方案等；林长制组织体系构建情况，包括林长、监督员、护林员、责任区域、职责、监督电话等；林长制工作动态及成效，典型经验和做法等；与林长制相关的工程项目建设情况；森林草原资源概况、保护发展目标等内容。

信息公开方式一般包括：政府公报、政府门户网站、政务微博、微信公众号等；政府有关部门的工作简报、通报；报刊、广播、电视等新闻媒体；依托省林业和草原主管部门门户网站开设的林长制专栏；公告、通告、公示牌等。

（三）部门协作制度

部门协作制度指为加强成员单位间沟通协作、协调解决林长制工作重点难点问题、形成齐抓共管工作合力而制定的制度。各省根据本省实际，确定部门协作单位。2022 年，协作单位最多的省是河南省，共 33 家成员单位，其次是云南省 30 家，吉林省、黑龙江省和西藏自治区各 27 家。以河南省为例，协作单位包括：省委办公厅、省委组织部、省委宣传部、省委直属机关工委、省总工会、团省委、省妇联、省发展改革委、省教育厅、省科技厅、省工业和信息化厅、省公安厅、省司法厅、省财政厅、省人力资源社会保障厅、省自然资源厅、省生态环境厅、省住房城乡建设厅、省交通运输厅、省水利厅、省农业农村厅、省文化和旅游厅、省应急厅、省审计厅、省市场监管局、省广电局、省事管局、省大数据局、省军区保障局、省林业局、省气象局、河南黄河河务局、中国铁路郑州局集团公司。

部门协作制度是林长制制度体系中的重要组成部分，主要明确了以下内容。一是协作主体、协作单位及职责。协作主体为林长办，协作单位主要为成员单位。本级林长办负责组织协调本级林长制各项日常工作，协调成员单位加强协作，落实重点工作。成员单位按照职责分工，各司其职、各负其责，协同推进林长制各项工作。二是协作内容。明确林长制成员单位间需要跨部门协作的重要事项，如本级林长会议议定的事项、林长制工作联席会议商定的事项、上级林长批办交办的事项、森林草原资源保护发展和推行林长制过程中需要推动落实的重点工作等。三是协作方式。协作方式以会议协商和书面协办为主，前者主要通过召开林长制工作联席会议的方式进行，根据协作内容和工作需要，由林长办召集相关协作单位分管负责同志或联络员，协商制定工作方案，协同开展工作。涉及重要事项的，需提请上级林长同意后开展；后者主要通过发送协办函的方式进行，协办函由林长办主任签发，根据协办内容，分别发送相关协作单位，明确协办任务、办理时限和相关要求等。四是协作程序。在任务立项方面，根据协作内容和工作需要，经林长办主任同意后立项，由林长办采取会议协商或书面协办的方式推动落实，涉及重要事项的，需提请上级林长同意后立项。在任务交办方面，承接任务的协作单位应按照会议商定事项或协办函内容抓紧办理，确保按要求按时保质完成。在办理过程中出现意见分歧的，由林长办负责协调。在办理反馈方面，承办任务的协作单位在协作任务完成后，应及时向林长办进行书面反馈。在规定时间内未办理完毕的，应及时将工作进展、存在问题和处置措施等反馈至林长办。

（四）工作督查制度

工作督查制度指为全面落实各级党政领导保护发展森林草原资源主体责任、督促各级林长履职尽责而制定的制度。各地工作督查制度明确的督查内容主要包括贯彻落实党中央、国务院和省委、省政府关于生态文明建设和林长制工作决策部署情况；林长制组织体系运行和森林草原资源保护发展目标责任制落实情况；责任区域内生态修复、资源管理、火灾防控、病虫鼠害防治、涉林草案件处置等重点工作任务完成情况；责任区域内各级林长履职情况；其他社会关注度较高，群众反映较多的涉林草情况。督查类型主要有：日常督查、专项督查、巡林督查、综合督查。也有根据督查主体划分督查类型的情况，如内蒙古自治区督查工作分为自治区总林长、副总林长督查，自治区林长办督查和林长制成员单位督查。督查对象包括：市、县级林长（副林长）和林长办，省级林长制协作单位及其对应下级部门。督查方式多种多样，主要包括会议部署安排、宣传宣讲、调查研究、实地巡查、明察暗访、听取汇报、查阅资料、召开座谈会、书面督查、现场督查、第三方督查、定期督查、组织互查、督导、提示、通报、约谈等方式。督查过程一般分为督查准备、建立台账、督查实施、形成报告、结果反馈、建立台账和整改落实等工作环节。

三、各地工作创新

各地逐步将总林长令、林长巡林、林长年度任务清单、公检法联合执法等工作制度化，不断创新林长履职方式方法，解决林长"怎么干"的问题，全面压实森林草原资源保护发展主体责任，不断增强各级党委政府生态文明建设的政治自觉。

（一）总林长令制度

总林长令指总林长在森林草原资源保护发展的重要时间节点，对林草重点工作进行动员部署。这主要用于压实各级林长责任，安排部署林长制改革阶段性或年度重点任务，指导解决重点难点问题，督促落实森林草原资源保护发展责任。北京市发布以全面加强国庆和党的二十大期间及秋冬季森林防灭火工作、从严加强美国白蛾防控工作、开展林长制巡林工作为主题的总林长令。天津市发布以切实做好森林防火工作为主题的总林长令。山西省发布以加强森林草原防灭火工作为主题的总林长令。内蒙古自治区发布以开展林长巡查工作、做好当前林草重点工作为主题的总林长令。辽宁省发布以全面推深做实林长制工作促进森林草原资源保护发展为主题的总林长令。黑龙江省发布以落实林长制、做好当前重点工作为主题的总林长令。浙江省发布以开展巡林工作加强林业资源保护、持续做好当前森林防火工作为主题的总林长令。江西省发布以坚决抓好当前森林资源保护发展工作为主题的总林长令。广东省发布以部署春季造林绿化和森林防灭火为主题的总林长令。海南省发布以做好当前林草重点工作为主题的总林长令。贵州省发布以加强冬春森林草原资源保护发展工作为主题的总林长令。云南省发布以坚决打赢春季森林草原防灭火攻坚战为主题的总林长令。陕西省发布以做好2022年全省林长制重点工作为主题的总林长令。甘肃省发布以切实加强森林草原保护工作、全面做好今冬明春森林草原防火工作为主题的总林长令。青海省发布以开展林长巡林工作为主题的总林长令。宁夏回族自治区发布以做好当前林草重点工作为主题的总林长令。新疆生产建设兵团发布以切实加强森林草原资源保护工作为主题的总林长令。市、县各级林长严格执行省级总林长令，林长制成员单位指导并督促本行业认真执行总林长令，林长办按程序将总林长令执行情况以书面形式报送总林长。部分市、县根据本地实际发布市、县级总林长令。

（二）巡林制度

巡林指各级林长通过巡访、查看、调研等方式，督促指导责任区域森林草原资源保护发展工作，发现并协调解决森林草原资源保护发展存在的问题。省、市、县等各级林长办负责做好同级林长巡林的服务保障工作。根据工作实际，林长巡林可采取集中巡林和日常巡林两种方式。集中巡林应根据森林草原资源保护发展重点期工作需要，由省、市、县三级总林长签发总林长令，集中统一开展；日常巡林可根据森林草原资源保护发展专项工作需要，由各级林长不定期开展，具体巡林频次根据本级资源保护发展工作实际需要确定。森林草原资源保护发展问题较多或较严重的责任区域，相应增加巡林频次。林长巡林过程中，重点巡查贯彻落实中央和地方生态文明建设的决策部署情况，林草监管制度落实、大规模国土绿化、重点区域生态修复、林草质量和效益提升、森林草原防火和林业有害生物防治、林草改革任务落实、森林草原资源监管等工作开展情况，协调解决森林草原资源保护发展重大问题及巡林发现问题的整改落实情况。北京市、河北省、辽宁省等地已建立巡林制度，成效显著。重庆市将林长巡林情况纳入林长制工作考核内容，要求发现问题应及时安排解决，在其职责范围内无法解决的，及时报告上级林长或林长办协调解决。贵州省各级林长结合实际情况，在植树节、森林日、爱鸟周、荒漠化日、贵州生态日等时间节点，不定期开展巡林巡查工作。宁夏回族自治区建立巡林巡草工作制度。

（三）年度任务清单制度

林长年度任务清单遵循把全局、解难题、抓重点的原则，以完成上级部署下达的任务为前提，内容主要包括上级统一部署和本地根据实际谋划开展的涉林草重点工作、重点难点问题等，通常包含总清单和个人清单，总清单中的任务分解落实到具体个人，个人清单中的任务不局限于总清单中的任务。江西省要求各级林长办应建立同级林长责任区域森林资源清单和林长工作提示制度，定期或不定期向林长提供《林长责任区域森林资源清单》（以下简称《资源清单》）和《林长工作提示单》（以下简称《提示单》）。《资源清单》是指林长责任区域森林资源基本情况以及一段时期内的变动情况。第一次发布的《资源清单》内容为林长责任区域森林资源、湿地草地基本情况，包括森林覆盖率、活立木蓄积量、乔木林单位面积蓄积量、林地面积、森林面积、享受各级森林生态效益补偿的生态公益林和天然商品林面积、各类自然保护地面积、古树名木情况、湿地草地面积等。相关数据为最新森林资源二类调查数据或者森林资源年度更新数据。之后陆续发布的《资源清单》内容主要是林长履职期间责任区域内森林资源保护发展情况、森林资源变动（林地征占用、林木采伐和森林督查等）情况，以及存在问题和整改情况等。原则上

重庆市云阳县沿江生态廊道（程建铭 摄）

《资源清单》在森林资源年度更新出数后，每年提供一次。《提示单》是指因责任区域内森林资源保护发展专项工作需要，提醒告知相关林长及时开展巡林，督促指导协调解决相关问题，确保重点工作顺利推进的工作列表。同时，要求各级林长要主动掌握责任区域内林业资源状况，严格落实"三单一函"（资源清单、问题清单、工作提示单、督办函）机制，主动协调解决森林资源保护发展重点难点问题，真正做到挂其名、履其职、尽其责。

广西壮族自治区实施区、市、县、乡、村一张总清单，林长、副林长一人一清单。林业和草原主管部门能够完成的日常业务工作不列入林长年度任务清单。林长年度任务清单中的各项任务明确具体完成时限，由上级下达到下级。林长任务总清单由各地结合实际制定，上级下达的林长个人任务清单应纳入本级林长任务总清单，副林长个人任务清单由本级结合实际组织制定。根据本地实际需要增加的任务，经本级林长同意后可列入年度任务清单。林长年度任务完成情况纳入林长年度考评内容，按有关规定进行考评。内蒙古自治区规定各级林长办应建立同级林长责任区域森林草原湿地资源清单和林长工作提示制度，定期或不定期向林长提供《林长责任区森林草原湿地资源清单》《提示单》。新疆维吾尔自治区全面推行林长制领导小组办公室对自治区级林长巡查督查中发现和下级林长制领导小组反馈的重大突出问题，确定整改任务清单，以林长制领导小组名义印发，林长办负责督促指导。广西壮族自治区建立"1+N"林长年度任务清单制度，"1"代表一张总清单，市、县、乡一张总清单；"N"代表林长个人清单，林长、副林长一人一清单。

（四）公检法联合执法制度化

各地充分发挥林长制引领作用，联合检察机关、公安机关，加强在森林草原资源保护中的职能作用，协同解决森林草原资源保护工作中出现的重大问题，推动林长制落实落细，逐步建立起"林长＋警长""林长＋检察长""林长＋检察长＋警长""林长＋法院院长"等"林长＋"工作机制。工作主要包括以下五个方面内容：一是加强工作会商。林长制工作机构及有关成员单位、检察机关、公安机关应明确一个内设机构牵头负责承办疑难问题会商工作。对于达成一致的事项，以会议纪要、共同出台指导意见等形式予以明确。二是推动行政司法衔接。有关成员单位将涉林草案件线索及时移送公安机关，并同时通报检察机关，检察机关应当进行立案监督。公安机关在工作中发现的林草行政案件，应及时移交有管辖权的林草部门。检察机关应当对林草受损且状态持续的情况依法进行公益诉讼监督。三是加强联合督办。对上级交办、转办、挂牌督办的重大案件，以及媒体高度关注的案件、涉及面广的案件、跨行政区域的案件，相互通报情况并采取联合督办形式，严肃惩处重大、复杂、有恶劣影响的破坏森林草原资源行为。对在办案中发现的系统性、普遍性问题进行分析研判，共同提出有针对性的对策建议，推动完善立法或健全制度。四是推进协同监督。检察机关依法对有关部门协作成员单位涉林草履职行为提出诉前检察建议的，应当及时抄送同级林长制工作机构。林长制工作机构配合检察机关督促有关部门协作成员单位进行整改。检察机关、公安机关与林长制工作机构及有关部门协作成员单位在开展相关专项活动、督导检查等工作中，应密切配合，相互提供支持。五是建立协作保障机制。林长制工作机构、部门协作有关成员单位结合各自职责，为检察机关、公安机关调查取证、鉴定评估等提供必要的专业支持。检察机关、公安机关根据工作需要，可以聘请林长制工作机构及部门协作有关成员单位业务骨干参与涉林草案件办理。检察机关、公安机关为林长制工作机构、有关部门协作成员单位提供法律咨询和服务。例如，甘肃省已建立"林长＋检察长＋警长"工作机制，强化刑事司法、检察监督与行政执法衔接配合。辽宁省林业和草原主管部门联合检察院、公安厅开展森林督查问题整改"清零行动"，并对问题高发多发地区发出提示函。安徽省在"林长＋检察长"制度下，强化检察监督，推动形成检察监督与行政履职同向发力的林业生态保护新格局。

（五）网格化管理

实施网格化源头管理，将区域内森林草原资源划定网格，明确管护责任，做到全域覆盖。各地积极构建"一长多员"森林草原资源源头管理体系，解决森林草原资源保护发展"最后一公里"问题。北京市、黑龙江省、湖南省等省份印发网格化体系建设工作的指导意见。2018年以来，江西省探索完善源头管理体系，创新网格化管理，划定责任网格2.6万个，监管重心向源头延伸，2018—2021年，违法问题数量从15468个下降至5725个，违法面积由5966.9公顷下降至1955.5公顷，违法涉及的林木蓄积量从21.1万立方米下降至2.6万立方米。北京市林长办出台《关于建立林长制"一长两员"网格化管理体系的指导意见》，将所有园林绿化资源全部纳入网格化管理，全市共划分管护网格2.49万余个，落实林管员7674名、护林员5.2万名。山东省总林长会议研究印发的《关于加强护林员和防灭火巡查员队伍建设的意见》，在全省森林防火重点市、县范围内，建设聘用规范、管理严格、防火有力的护林员队伍和防灭火巡查员队伍，并在同等条件下优先聘用脱贫人口。

（六）其他特色制度

除以上制度外，部分省份还建立林长制调度制度、工作报告制度、约谈工作制度、会议纪要备案制度等，保障林长制工作推深做实。

第四节　考核评价体系

考核评价是林长制工作落实的有力抓手。科学公正、有效管用的考核评价体系是压实各级党委和政府保护发展森林草原资源的关键之一。中共中央办公厅《关于统筹规范督查检查考核工作的通知》要求，深入推进全面从严治党，进一步改进工作作风，坚决克服形式主义、官僚主义。从 2018 年起，督查检查考核工作由中央统一计划安排，严格控制总量，实行计划管理。中央《意见》明确指出，强化督导考核，县级及以上林长负责组织对下一级林长的考核，考核结果作为地方有关党政领导干部综合考核评价和自然资源资产离任审计的重要依据。落实党政领导干部生态环境损害责任终身追究制，对造成森林草原资源严重破坏的，严格按照有关规定追究责任。为减轻基层负担、避免形式主义，林长制考核评价体系以林长制组织体系为层级，综合采用督查、考核、激励、评价等方式，围绕各级林长职责、组织机构任务分工以及各地森林草原资源保护发展任务特点，合理选设考核指标和评价内容，强化考核评价结果运用，调动各地推进林长制工作的主动性、积极性和创造性，确保林长制工作落地生根、取得实效。

一、督查督导

党中央、国务院明确要求，除党中央、国务院统一部署和依法依规开展的督查检查外，中央和国家机关各部门不得自行设置以地方党委和政府为对象的督查检查项目。要严格控制总量和频次，防止重复扎堆、层层加码。督查工作实行年度计划和审批报备制度。中央和国家机关各部门拟开展的涉及地方党委和政府以及本系统全国性的业务督查检查考核事项，要按照归口管理原则执行。省（自治区、直辖市）开展的全省性督查检查也要制定年度计划，报中央办公厅备案。督查工作要坚持实事求是，增强工作力度，敢于动真碰硬，着力推进督查工作落地落实。

结合以上要求和规定可进一步改进林长制督查督导工作，通过林草生态综合监测成果、林草生态网络感知系统应用、网络舆情等，结合日常监管及必要的现地督查，减少基层报送材料数量、减轻基层压力。科学安排实地督查时间、地点，精准查摆问题，力求工作实效。突出问题导向，既着重发现落实中存在的问题，又及时了解林长制有关政策需要完善的地方。对发现的问题，要以适当方式进行反馈，加强督促整改，不能简单以问责代替整改，不能简单采用终身问责。

（一）国家林业和草原局开展的林长制督查工作

采用书面督查和实地督查相结合的方式开展，由国家林草局林长制工作领导小组统一部署，国家林草局林长办会同各相关司局、派出机构和直属单位组成督查工作组开展工作。

1. 督查方式

书面督查。各相关司局按照林长制督查考核办法及工作方案分工，全面查找各省工作问题和存在困难，重点梳理领导批示、媒体曝光、公众信访举报等渠道收集的突出问题，形成问题线索清单，报送国家林草局林长办汇总，国家林草局林长办形成"一省一单"，函送相关省林业和草原主管部门，以书面形式开展督查。省林业和草原主管部门接到通知函后，及时排查问题，限时反馈情况，各相关司局及时跟踪指导。

实地督查。结合前期掌握的各省工作情况，对部分省开展实地督查。国家林草局林长办需预先向相关省发送通知函告知督查事项。督查工作组通过查阅资料、明察暗访、访谈座谈、责任约谈、抽样调查、现地核实、征集公众意见等形式开展督查工作，全面查找地方存在问题、困难，系统总结取得的实际成效。实地督查结束后，国家林草局林长办汇总督查工作组相关意见，按程序向被督查省份及时反馈情况。相关省林业和草原主管部门做好实地督查协调配合工作，按照要求提供相关佐证材料，组织相关部门做好情况汇报；对疑似问题做进一步调查核实，认定结果有异议的，及时提交佐证材料；对已认定的问题，及时组织整改，按时反馈整改结果，各派出机构及时跟踪整改情况。

2. 督查内容

现阶段，督查内容主要以"6+2"为工作重点，即聚焦国土绿化、资源保护管理、以国家公园为主体的自然保护地体系建设、野生动植物保护、森林草原灾害防控、林长制实施运行等6项重点工作落实情况，认真梳理"三个重大"问题，系统总结突出工作成效。

（1）国土绿化。强化落实国务院科学绿化决策部署，科学划定生态用地，持续推进大规模国土绿化行动；强化落实部门绿化责任，加快推进年度造林、种草改良任务落实，提高全民义务植树尽责率，提升古树名木保护管理意识；强化保障重要生态系统保护和修复重大工程实施，深入推进退耕还林还草、三北防护林体系建设、草原生态修复等重点工程。

（2）资源保护管理。强化森林草原资源保护管理，严守生态保护红线，严厉打击破坏森林、草原、湿地资源违法犯罪行为，重点防范对生态功能区和生态环境敏感脆弱区域的破坏，严格禁止毁林毁草开垦活动；加强保障林草综合监测工作实施，加快建立森林草原资源一体化监测体系，加快提升森林草原资源保护发展智慧化管理水平；加强森林经营和试点示范，强化科技支撑、保障措施投入，全面提升森林质量。

（3）以国家公园为主体的自然保护地体系建设。加快推进构建以国家公园为主体的自然保护地体系；强化年度自然保护地重点工作，加快国家公园、国家级自然保护区和自然公园等自然保护地总体规划编制工作；强化自然保护地监管，扎实做好问题线索核查，有力促进违法违规问题查处整改。

（4）野生动植物保护。强化野生动植物及其栖息地保护，特别是对"十四五"国家规划要专项拯救的98种极度濒危野生动植物以及其他需要重点关注的濒危物种进行保护；加快推进野生动植物资源监测、野生动物疫源疫病监测、主动防控野生动物危害等工作；保障省级野生动植物保护联席会议制度运行，野生动物危害补偿制度建立健全。

（5）森林草原灾害防控。强化森林草原防灭火一体化，全面提升森林草原火灾综合防控能力，保障森林草原火灾隐患排查整治等专项行动落实。推动加快建立健全重大森林草原有害生物灾害防治地方政府负责制，抓好松材线虫病、美国白蛾、草原生物灾害等防治工作防控目标任务执行。

（6）林长制实施运行。加快建立完善林长责任体系，强化落实保护发展森林草原资源目标责任制；进一步提升各级林长保护发展森林草原资源责任意识，督促解决责任区域重点难点问题；强化保障林长会议制度、信息公开制度、部门协作制度、工作督查制度稳定运行，乡镇林业工作站履职站长培训、标准站建设情况。

（7）"三个重大"。排查森林、草原、湿地违法违规重大案件发生情况，对发生森林、草原重大火灾，林业、草原重大有害生物危害的地方，明确主体责任，强化督促整改。

（8）突出工作成效。系统总结各地创新林草生态保护发展政策、地方立法或出台保障制度、重大专项行动、重大生态工程取得的明显成效；汇报支持乡镇林业（草原）工作站能力建设及强化对生态护林员等管护人员的培训和日常管理情况；汇总对地方重大林草措施产生全国或系统性影响，受到国务院或部级表彰奖励工作的宣传力度。汇总受到国务院或部级表彰奖励，产生全国或系统性影响的地方重大林草举措。

现地督查工作结束后，各督查工作组根据书面和实地督查情况，分省编制督查报告报送国家林草局林长办汇总，将督查事项原件、领导批示、处理意见、督查报告、督查意见书等资料登记造册、立卷归档。相关省按照督查意见书要求，制定整改方案，由省级林业和草原主管部门报送整改情况。能立行立改的问题，要立即整改；不能按期完成整改的问题，要制定切实可行的整改计划，并按计划整改到位。整改后可通过报刊、电视台、网站、政务新媒体等便于人民群众知晓的方式进行公示，接受社会监督。工作组将视情况开展"回头看"，对逾期未完成整改的，将作为下年度重点督查对象；对于确已整改到位的单位，予以消除不良档案。对存在严重问题的地方，通过发警示函、督办函等形式进行通报。对工作成效突出、整改成效显著的地方，选树典型案例，加大宣传推广力度。

（二）地方开展督查工作

各地贯彻落实中央《意见》，组织开展林长制督查工作。

一是督查内容。包括党中央、国务院关于生态文明和林草建设的决策部署贯彻落实情况，国家林草局林草重点工作部署贯彻落实情况，省级总林长会议决策部署、总林长指示批示等贯彻落实情况，社会各界投诉和举报、媒体曝光或以其他形式反映问题的办理和整改落实情况等。

二是督查形式。主要分为综合督查、专项督查。其中，综合督查内容主要根据林长制工作阶段性目标任务确定，专项督查内容主要为特定事项或具体任务实施情况。综合督查和专项督查均通过查阅文件资料、座谈访谈、实地核实、听取公众意见等形式开展。

三是督查流程。根据统筹规范督查工作有关要求，地方需按程序报送督查计划，经批准后实施。实施方案在开展督查前报有关部门备案。向督查对象发送督查通知书，告知其督查事项、督查时间及督查要求等（采取暗访方式除外）。督查督办结束后形成督查督办情况报告，其中，经批准列入地方计划或备案的事项，督查工作完成后，将督查督办报告抄送有关部门。对督查中发现的问题，督查主体在督查结束后，向督查督办对象下达督查督办意见书。

四是督查管理。督查对象按照督查督办意见书要求，制定整改方案，并报送整改情况。督查督办主体视情况开展"回头看",对逾期未完成整改的对象,组织重点督查督办和警示约谈。督查组织实施单位应在督查任务完成后,及时整理全过程资料,登记造册、立卷归档。

五是督查结果运用。对督查中发现的问题建立问题清单销号制度,发现一处、核实一处、整改一处、销号一处;开展问题整改"回头看",对未完成整改的对象,组织重点督查,实行警示约谈。督查督办结果作为林长制工作年度考核评价的重要参考依据。

二、考核评价

国家林业和草原局认真贯彻落实党中央、国务院严格规范督查检查考核的决策部署,印发《林长制督查考核办法(试行)》及配套工作方案,按照"四个统一"要求开展考核工作。一是统一安排部署,减轻基层负担。按照"一张试卷,共同答题"的要求,聚焦重点任务,优化工作流程,精简考核事项,统一整合到林长制督查考核平台,切实减轻基层负担。二是统一目标任务,明确工作要求。每年年初,国家林草局各相关司局、直属单位结合督查考核指标和年度工作计划,协调各省林业和草原主管部门制定年度目标任务;各省林业和草原主管部门将总林长重点推动的年度工作任务和重点难点问题,报送国家林草局林长办,形成统一的林草保护发展目标。三是统一组织考核,规范工作流程。国家林业和草原局严格按照中央督查检查考核计划统一组织,原则上每年开展一次。考核过程中,坚持依法依规、严谨规范,求真务实、真抓实干,反对官僚主义、形式主义。四是统一结果运用,严明纪律要求。将督查考核结果作为各级党委政府领导班子和有关领导干部奖惩和提拔任用的重要依据,激励地方干部担当作为。对损害生态文明建设的领导干部真追责、敢追责、严追责。

(一)国家林业和草原局开展的林长制考核工作

考核目的是通过科学全面评价各省森林草原资源保护发展状况,针对发现的突出问题提出意见建议、加强督办,推动各省落实保护发展森林草原资源目标责任制,构建党委领导、党政同责、属地负责、部门协同、源头治理、全域覆盖的长效机制。

考核原则。坚持统筹规范、计划管理,减轻基层负担;坚持实事求是、量化考核，体现客观公正；坚持问题导向、因地制宜，注重工作实效；坚持目标导向、督考结合，强化结果运用。

考核对象。各省、自治区、直辖市和新疆生产建设兵团。

考核内容。包括保护发展目标和重点工作任务，具体类别及对应内容见表 3-4。

表 3-4　林长制考核评价类别及内容

类别	内容
保护发展目标	包括森林覆盖率、森林蓄积量、草原综合植被盖度、沙化土地治理面积、湿地保护率 5 项约束性指标
重点工作任务	包括国土绿化、资源保护管理、以国家公园为主体的自然保护地体系建设、野生动植物保护、森林草原灾害防控、林长制实施运行 6 项内容

考核方式。分为年度考核和规划期考核。年度督查考核每年开展一次，对 6 项重点工作任务落实情况，通过综合监测、现地督查等结果，结合日常监管实施。规划期考核五年开展一次，时间与国民经济和社会发展规划期相对应，规划期末通过林草综合监测评价等结果，结合年度督查考核，对照各省目标组织实施。

考核程序。国家林业和草原局明确督查考核方式、时间、范围、任务及有关要求等，按程序报中共中央办公厅、国务院办公厅批复后组织实施，执行情况及时报告有关部门。采取各省自查与国家审核相结合的方式。各省对照督查考核内容进行全面自查，按时上报有关数据资料，对数据资料的准确性、真实性、完整性负责。国家林业和草原局依托国家林草生态综合监测评价成果和相关重点工作落实情况，审核各省数据资料，必要时开展现地督查。具体流程如图 3-1。

结果运用。年度督查考核结果上报党中央、国务院，同时报中央组织部，纳入地方党委政府领导班子和有关领导干部政绩考核内容，作为干部综合考核评价和自然资源资产离任审计的重要依据。对真抓实干，全面推行林长制工作成效显著的地区予以适当奖励。国家林业和草原局向各省反馈督查考核结果，以适当方式进行通报。国家林草局林长办指导各派出机构，及时督办督查考核中发现的突出问题，推动重点工作落实。

国家林业和草原局根据年度工作重点适时调整考核内容。

图 3-1 林长制考核评价流程图

（二）各地开展考核工作

各地按照国家林业和草原局印发的《林长制督查考核办法（试行）》要求，结合本地林草工作重点，出台林长制考核办法、方案、细则，明确具体考核内容。部分地区将具有地方特色的目标工作任务纳入考核内容进行整体设计。例如，北京市、上海市等地将城市绿地面积、城市绿化覆盖率、公园绿地 500 米服务半径覆盖率、新建绿地、新建绿道、古树名木抢救复壮率、林地绿地年碳汇量等体现城乡园林绿化质量和生态服务效益的指标纳入林长制考核内容。内蒙古、吉林、福建、西藏等省份将林长制建立、完善及运行情况单独作为重点内容进行考核，将其余内容作为目标进行考核。辽宁省将执法监督、基层基础建设等重要工作纳入考核内容。浙江省、云南省等地将林业产业发展情况作为重点任务进行考核。江西省将生态公益林和天然林保护情况作为重要保护性指标进行考核。四川省将国家重点物种保护、生态产品价值实现情况作为重要指标纳入考核内容。新疆维吾尔自治区和新疆生产建设兵团将林果业提质增效作为重要工作目标进行考核。

表 3-5 2022 年各省份林长制考核内容

省份	考核内容
北京市	包括规划期考核和年度督查考核。①规划期考核内容突出规划期园林绿化资源保护发展重点目标考核评价。②年度督查考核内容突出林长制运行、国土绿化系统治理、资源保护管理、自然保护地体系建设和保护、野生动植物保护、森林灾害防控、林业产业发展等年度重点工作任务
河北省	包括林长制实施运行、国土绿化、资源保护管理、自然保护地体系建设、野生动植物保护管理和森林草原灾害防控 6 项年度重点工作
山西省	包括保护发展目标和重点工作任务。①保护发展目标包括森林覆盖率、森林蓄积量、草原综合植被盖度、沙化土地治理面积、湿地保护率 5 项约束性指标。②重点工作任务包括国土绿化、资源保护管理、自然保护地体系建设、野生动植物保护、森林草原灾害防控、林长制实施运行和影响度评价 7 项内容
内蒙古自治区	包括工作考核和目标考核。①工作考核主要包括林长组织体系、制度体系建立和执行情况、林长履职情况、林长办履职情况、林长制成员单位履职情况、林长制智慧管理平台建立使用情况、林长制宣传情况等。②目标考核包括保护发展目标和重点工作任务
辽宁省	包括规划期考核和年度考核。①规划期考核内容包括森林覆盖率、森林蓄积量、草原综合植被盖度、沙化土地治理面积、湿地保护率 5 项约束性指标。②年度考核内容包括国土绿化、资源保护管理、自然保护地建设管理、野生动植物保护、执法监督、基层基础建设、森林草原灾害防控、林长制运行 8 项林草重点工作
吉林省	包括林长制建立运行、保护发展目标和重点工作任务。①林长制建立运行包括林长制组织、制度、目标、责任、智慧"五大体系"的建立、完善和运行情况，林长制林长发令、源头治理、部门协作、考核激励、运行保障等机制建立、完善和运行情况，以及林长制信访处置、复议应诉等情况。②保护发展目标包括森林覆盖率、森林蓄积量、草原综合植被盖度、沙化土地治理面积、湿地保护率 5 项约束性指标和林地保有量、草原保有量、湿地保有量、森林保有量 4 项底线管控指标。③重点工作任务包括国土绿化、资源保护管理、以国家公园为主体的自然保护地体系建设、野生动植物保护、森林草原灾害防控、突出工作成效和林长制工作考核问题整改 7 项内容
黑龙江省	包括保护发展目标、重点工作任务和重要工作。①保护发展目标包括森林覆盖率、森林蓄积量、草原综合植被盖度、沙化土地治理面积、湿地保护率 5 项约束性指标。②重点工作任务包括国土绿化、资源保护管理、自然保护地体系建设、野生动植物保护、森林草原灾害防控、林长制实施运行和突出工作成效 7 项重点工作任务。③重要工作落实情况包括落实党中央、国务院和省委、省政府部署的重大事项、省总林长批办的事项、省级林长会议、省级林长专题会议和省级林长办会议决定事项落实情况；省级林长制工作开展中亟须解决的重大问题；通过明察暗访、群众投诉举报发现的以及媒体曝光、社会关切的重大问题和省林长制成员单位不能有效督查督办的事项等

（续表）

省份	考核内容
上海市	包括重点工作任务和林长制基础工作。①重点工作任务包括森林覆盖率、湿地保有量；新增森林面积，新建绿地、新建绿道、新增立体绿化、新增城乡公园，加快建立自然保护地体系，加强生物多样性保护；加强林地、湿地、绿地、野生动植物和古树名木等资源的保护管理，森林防火和有害生物防控等内容。②林长制基础工作包括检查督导、制度建立情况、乡镇（街道）林长办运行、街镇巡查，以及信息报送等日常工作
江苏省	包括主要发展指标和重点工作任务。①主要发展指标包括森林覆盖率、森林蓄积量、湿地保护率、林地保有量4项指标。②重点工作任务包括国土绿化、资源保护管理、自然保护地体系建设、野生动植物保护、林业灾害防控、林长制工作实施运行
浙江省	包括重点指标和重点任务。①重点指标包括森林覆盖率、森林蓄积量和湿地保护率。②重点任务包括国土绿化、资源保护管理、自然保护地体系建设、野生动植物保护、森林草原灾害防控、林业产业发展、林长制工作实施运行
安徽省	包括林长制组织体系建立及保障措施落实、林业生态保护修复、推进城乡造林绿化、提升森林质量效益、预防治理森林灾害、强化执法监督管理6个方面
福建省	包括工作考核和目标责任考核。①工作考核包括林长制责任体系建立及运行情况、林长制相关配套制度制定及执行情况、林长工作职责落实情况、林业改革和森林资源保护发展资金投入及绩效完成情况、监督执法体系和基层基础建设情况。②目标责任考核包括保护性指标和发展新指标
江西省	包括工作考核、目标责任考核和影响度考核。①工作考核包括全省林长制年度工作和日常工作。②目标责任考核包括保护性指标和建设性指标。③影响度考核包括加分项目和减分项目
湖北省	包括森林资源培育、林业资源保护管理、森林资源科学利用、林长制建设运行4项内容
湖南省	包括基础项、加分项、扣分项。其中基础项包含国土绿化、资源保护管理、以国家公园为主体的自然保护地体系建设、野生动植物保护、湿地保护修复、森林草原灾害防控、林长制实施运行等内容
广东省	包括国土绿化、资源保护管理、以国家公园为主体的自然保护地体系建设、野生动植物保护、森林草原灾害防控、林长制实施运行等工作
广西壮族自治区	包括工作考核和目标考核。①工作考核包括林长组织体系建立和运行情况、林长制度体系建立和执行情况、林长履职情况、林长办履职情况、林长制成员单位履职情况等。②目标考核包括共性指标和个性指标
重庆市	包括保护发展目标和重点工作任务。①保护发展目标主要考核森林覆盖率、森林蓄积量、草原综合植被盖度、湿地保护率4项约束性指标。②重点工作任务主要考核国土绿化、资源保护管理、以国家公园为主体的自然保护地体系建设、野生动植物保护、森林草原灾害防控、林长制实施运行等重点工作落实情况以及影响度7项内容

省份	考核内容
四川省	包括年度考核和规划期考核。①年度考核主要考核基础项和影响度。其中基础项主要包括国土绿化、资源保护管理、以国家公园为主体的自然保护地体系建设、野生动植物保护、森林草原灾害防控、生态产品价值实现和林长制实施运行 7 项内容。②规划期考核主要包括森林覆盖率、森林蓄积量、草原综合植被盖度、林草火灾和有害生物防控、自然保护地和湿地保护、国家重点物种保护 6 项指标
贵州省	包括保护发展目标和重点工作任务。①保护发展目标包括森林覆盖率、森林蓄积量、草原综合植被盖度、沙化土地治理面积、湿地保护率 5 项约束性指标。②重点工作任务包括国土绿化、资源保护管理、以国家公园为主体的自然保护地体系建设、野生动植物保护、森林草原灾害防控、林长制实施运行和突出工作成效 7 项内容
云南省	包括林长制实施运行、国土绿化、资源保护管理、以国家公园为主体的自然保护地体系建设、野生动植物保护、森林草原灾害防控、林草产业发展、基础能力建设等情况
西藏自治区	包括保护发展目标、林草工作任务、重点关注内容。①保护发展目标包括森林覆盖率、森林蓄积量、草原综合植被盖度、沙化土地治理面积、湿地保护率 5 项约束性指标。②林草工作任务包括国土绿化、资源保护管理、以国家公园为主体的自然保护地体系建设、野生动植物保护、森林草原灾害防控等内容。③重点关注内容包括森林督查、森林草原防火、青藏高原国家公园群建设、拉萨南北山绿化工程建设，林草生态保护修复重大工程，林长制实施运行和突出工作成效，以及自治区总林长、副总林长安排部署的事项落实情况
陕西省	包括规划期评定和年度考核。①规划期评定包括森林覆盖率、森林蓄积量、草原综合植被盖度、沙化土地治理面积、湿地保护率 5 项约束性指标。②年度考核主要包括年度重点工作任务完成情况和加减分项。其中年度重点工作任务包括国土绿化、资源保护管理、以国家公园为主体的自然保护地体系建设、野生动植物保护、森林草原灾害防控、林长制实施运行等
甘肃省	包括保护发展目标和重点工作任务。①保护发展目标包括森林覆盖率、森林蓄积量、草原植被盖度、沙化土地治理面积、湿地保护率 5 项约束性指标。②重点工作任务包括国土绿化、资源保护、以国家公园为主体的自然保护地体系建设、野生动植物保护、森林草原灾害防控、林长制实施运行情况、突出工作成效 7 个方面
青海省	包括工作考核、目标责任考核、影响度考核。①工作考核主要包括林（草）长制体制机制建设、林（草）长制履职、任务落实等内容。②目标责任考核主要包括保护性指标和建设性指标两部分。③影响度考核主要包括加分项目和减分项目
宁夏回族自治区	包括保护发展目标和重点工作任务。①保护发展目标包括森林覆盖率、森林蓄积量、草原综合植被盖度、沙化土地治理面积、湿地保护率 5 项约束性指标。②重点工作任务包括生态保护修复，监督执法体系和基层基础建设，支撑保障政策，涉林草重大案件、重大火灾、重大有害生物灾害发生处理 4 项重点工作任务

（续表）

省份	考核内容
新疆维吾尔自治区	包括工作机制考核、工作目标考核。①工作机制考核包括组织体系建设和巡林监管。②工作目标考核包括森林草原资源保护、森林草原生态修复、国土绿化、林果业提质增效、森林草原灾害防控
新疆生产建设兵团	包括工作机制考核、工作目标考核。①工作机制考核包括组织体系建设和巡林监管。②工作目标考核包括森林草原资源生态保护、森林草原资源生态修复、科学开展国土绿化、促进林果业提质增效、森林草原灾害防控

三、激励措施

2021年，《国务院办公厅关于新形势下进一步加强督查激励的通知》（以下简称《通知》）印发，将林长制激励措施纳入国务院激励事项，对全面推行林长制工作成效明显的市（地、州、盟）、县（市、区、旗），在安排中央财政林业改革发展资金时予以适当奖励。《通知》要求，强化正向激励促进实干担当作为，压实工作责任，精心组织实施，确保取得实效。及时制定完善实施办法，科学设置标准，全面规范程序，公平公正公开、科学精准客观评价地方工作，充分发挥激励导向作用；严格落实党中央关于整治形式主义为基层减负要求，加强统筹整合，优化工作方式，简化操作流程，避免给地方增加负担；认真落实全面从严治党要求，坚决防范廉政风险。抓好典型引路和政策解读，加大地方经验做法推广力度，指导和帮助用好用足激励政策，进一步营造互学互鉴、比学赶超的良好氛围。各省（自治区、直辖市）政府要健全工作机制、明确职责分工，统筹做好本地区督查激励措施组织实施工作。

（一）国家林业和草原局开展林长制激励

2022年3月2日，国家林业和草原局、财政部联合印发《林长制激励措施实施办法（试行）》，通过对真抓实干、全面推行林长制工作成效明显的地方予以表扬激励，充分调动和激发各地保护发展森林草原资源的积极性、主动性和创造性，构建森林草原资源保护发展长效机制，进一步增强全面推行林长制工作成效，推动林草事业高质量发展。

激励对象。全面推行林长制工作成效明显的市、县。原则上每年遴选不超过 8 个市（含地、州、盟）或县（含市、区、旗），其中市级数量不超过 50%，在安排中央财政林业改革发展资金时予以适当奖励。

评选标准。坚持以定量指标为主、定性和定量相结合的原则，科学设置基础项、加分项、扣分项和否决项评选标准。其中，①基础项包括国土绿化、资源保护管理、以国家公园为主体的自然保护地体系建设、野生动植物保护、森林草原灾害防控、林长制实施运行情况。②加分项包括创新林草生态保护发展政策，出台地方立法或保障制度，实施重大专项行动、重大生态工程、重大林草措施在全国或者系统范围内产生影响；执法监督能力逐步提升，基层基础建设持续完善；相关工作受到中央领导同志批示肯定、国务院督查通报表扬、中央部门表彰的情况。③扣分项：对涉林草重大案件、重大火灾、重大有害生物灾害发生情况予以扣分。④否决项：相关工作受到党中央、国务院督查检查考核通报批评的，被国家林业和草原局挂牌督办案件、约谈或启动问责的，重大政策措施落实跟踪审计中发现存在重大违法违规问题的，引发重大负面舆情、造成社会不良影响等情况的市、县，不列入激励范围。

评选程序。省级林业和草原主管部门组织开展本省内自评工作，遴选出拟激励的 1 个市或县，经省级人民政府同意后，将申报表等相关材料报送国家林业和草原局。国家林业和草原局对各省报送的申报材料进行审查，择优评选出拟激励的市、县名单，经国家林业和草原局党组审议通过，局政府网站公示无异议，报送国务院办公厅批复后，由国务院办公厅向社会公布。

结果运用。中央财政通过林业改革发展资金，对每个受激励市、县予以一次性资金奖励。经费使用严格执行《林业改革发展资金管理办法》。

（二）地方开展林长制激励措施

在遵循国家宏观管理政策总体要求和相关规定的基础上，山西、辽宁、吉林、黑龙江、江苏、安徽、福建、江西、山东、湖北、湖南、广西、海南、重庆、四川、贵州、陕西、甘肃、新疆 19 个省（自治区、直辖市）及新疆生产建设兵团已开展林长制激励工作，激励对象、激励方式等各具侧重。激励对象方面，安徽省、湖南省、甘肃省等地分别以市（州）、县（市、区）为激励对象；海南省、江苏省等地以县（市、区）为激励对象；重庆市、陕西省、新疆维吾尔自治区等地以县（市、区、自治区直属国有林管理局分局）、乡（镇、场、街道）为激励对象。激励方式方面，各地明确给予一次性资金奖励，吉林省、陕西省、甘肃省统筹中央和省级相关专项资金给予奖励，并在林草专项资金分配和项目支持上予以倾斜。

表 3-6　2022 年部分省份开展林长制激励措施情况

省份	主要内容
吉林省	各市（州）、长白山保护开发区、梅河口市林长办遴选 1 个对象（市本级或所辖县、市、区）。吉林、长白山森工集团原则上各推荐不超过 2 个对象。对激励对象，统筹中央和省级相关专项资金给予奖励。同时，在林草专项资金分配和项目支持上予以倾斜
江苏省	每年开展林长制激励评选，遴选不超过 6 个县（市、区）作为全省林长制激励县（市、区），由省级财政统筹资金予以奖励，并从中遴选 1 个县（市、区）申报国家级激励。省级财政通过江苏省林业发展专项资金，对每个激励县（市、区）予以一次性资金奖励。经费使用严格执行《江苏省林业发展专项资金管理办法》
安徽省	从全省遴选 3 个市、3 个县（市、区）进行激励，对于获得林长制工作督查激励的市、县（市、区），省财政实行财政资金奖补，每个市按照 300 万元、县（市、区）按照 200 万的标准给予奖补
湖南省	从全省遴选 4 个市（州）和 10 个县（市、区）予以适当奖励。全省林长制工作考核排名前 4 位的，每个市（州）按 30% 推荐县（市、区）；其他每个市（州）按 20% 推荐县（市、区）。省级财政通过相关林业专项资金，对每个受激励市（州）、县（市、区）分别给予 200 万元、100 万元资金奖励
海南省	对全面推行林长制工作成效明显、每年林长制考核排名前 3 名的市（县），通过省级林业发展资金给予一次性资金奖励。考评名次第一名的市（县），奖励 100 万元，考评名次第二名的市（县），奖励 60 万元，考评名次第三名的市（县），奖励 40 万元
陕西省	充分考虑陕南、关中、陕北地区森林草原资源保护发展工作差异，原则上每年遴选 6 个县（市、区）和 10 个镇（街道）进行激励，在省级林业专项资金方面予以倾斜支持
甘肃省	在全省遴选 2 个市（州）和 6 个县（市、区）给予激励。由省林业和草原主管部门发文表扬激励，并在安排项目资金时予以倾斜支持
新疆维吾尔自治区	充分考虑南疆、北疆地区发展差异，每年遴选原则上不超过 6 个县（含县级市、区、自治区直属国有林管理局分局）或乡（含镇、场、街道），其中县级数量不超过 50%，进行为期一年的激励。自治区财政通过自治区林业发展补助资金，对每个受激励县、乡予以一次性资金激励。资金使用严格按照林草专项资金的有关规定执行

四、第三方评估

中央《意见》指出，有条件的地方可以推行林长制实施情况第三方评估。林长制实施情况第三方评估作为政府绩效评估的有益补充，有利于充分发挥社会专业力量的积极性、主动性和创造性，从第三方角度全面评价林长制实施成效，进一步提高林长制评价工作的实效性、客观性和科学性。

（一）评估工作开展情况

已有部分省份逐步探索实施林长制第三方评估。广西壮族自治区对第三方评估单位的资质和业务经验提出明确要求。黑龙江省、安徽省、新疆维吾尔自治区、广东省等地对第三方评估的适用环节做出明确要求，即在省级考核市级的阶段可以采取第三方评估方式辅助开展考核验收工作。

表 3-7　2022 年部分省份开展林长制第三方评估实践情况

省份	主要特点
黑龙江省	采取各市（地）自查与省审核抽查相结合的方式进行。其中，在省审核抽查过程中，省林长办依托全省林草生态综合监测评价成果和相关重点工作落实情况，对各市（地）数据资料进行审核，必要时开展实地核查或第三方评估等方式进行督查考核
安徽省	将考核步骤分为各市自评、省级考核和审核认定 3 个步骤。其中，在省级考核阶段，考核验收的方式包括专项检查、抽样调查、实地核查和第三方评估
广东省	省林长办通过招投标方式委托第三方公司，对全省分片抽取的县（市、区）进行评估，根据评估结果对存在的普遍问题以林长办名义印发通知，对问题较多较严重的县（市、区）发出督办函，要求对照问题进行整改
广西壮族自治区	自治区总林长办通过政府购买服务的方式，择优选择第三方评估单位，委托第三方开展考核评估。第三方评估单位应具有乙级以上林业调查规划设计资质；近 5 年内主持过自治区级、市级森林草原资源清查，自治区级、市级林业生态建设重点工程检查核验等业务
新疆维吾尔自治区	自治区全面推行林长制领导小组办公室会同成员单位，根据各地（州、市）及自治区直属国有林管理局林长制日常工作、专项检查和自查自评等情况，采取抽样调查、实地核查、第三方评估等方式进行考核，并依据年度考核指标实行百分制评价

（二）评估内容

分为制度机制建设评估、森林资源保护发展成效评估两个方面。

一是制度机制建设评估。通过评估林长制组织体系与责任体系建设、工作体系运行、工作方案等制度执行、林长职责落实、协同单位职责落实、督查考核实施、基层护林等情况，人、财、物等保障措施是否到位等标准，确保建立党政同责、属地负责、部门协同、源头治理、全域覆盖的长效机制。

二是森林资源保护发展成效评估。主要评估资源保护发展指标完成情况、重点工作落实情况两个方面。其中，资源保护发展指标涉及森林、草原、湿地等方面，重点工作任务主要涉及生态保护修复、基层基础建设、重大灾害预防处理等方面。

第三方评估单位根据相关评估要求，结合佐证材料和日常监测情况，开展专项抽查、实地核查，评估结果作为林长制考核评价的有益参考。

新疆温宿县森林资源（李涛 摄）

第五节　运行保障

运行保障是推行林长制的支撑。组织保障是保证林长制体系有效运行、确保林长制发挥长效作用的基础条件。政策保障为推深做实林长制、强化外部供给创造良好的政策环境。资金保障是林长制顺利运行、各项任务落实落地的重要条件。科技保障为推进林长制工作提供强有力的现代化支撑。人才保障为林长制各项决策建立、制度改革提供重要的智力支持。

一、组织保障

地方各级党委和政府是推行林长制的责任主体，要切实强化组织领导和统筹谋划。加强党委领导，建立健全以党政领导负责制为核心的责任体系，明确各级林长森林草原资源保护发展主体责任，明确责任分工，细化工作安排，狠抓责任落实，优化工作措施，统筹各方力量，形成一级抓一级、层层推进的工作格局。各级林长办要切实发挥"参谋助手""协调中枢"作用，加强统筹协调，全面落实日常工作。相关单位也要各司其职，形成工作合力。

二、政策保障

加大政策扶持，积极建立林长制政策支撑体系。持续加强林长制顶层设计，重视林长制立法建设，加强制度创新和政策供给，依据各地资源禀赋特点，建立健全制度保障体系。将各种政策制度有机组合起来，围绕林长制的重点任务和重点问题，制定切实可行的工作方案，细化任务分工，实化政策举措，全面推深做实林长制。

三、资金保障

加大公共财政支持力度，统筹资金整合，加强资金管理，建立市场化、多元化资金投入机制，保障林长制工作经费。要在政策谋划、资金投入、项目支持、宣传引导、监督考核等方面逐步建立健全林长制资金投入机制，保障林长制工作有效运行。

四、科技保障

强化科技支撑，逐步建立林长制智慧管理平台，研发快速聚集、融会贯通、动态响应的调度、分析、评价信息管理系统，为林长制体系建设、各项任务落实和绩效考核提供全面、精准、安全、高效的数据支持和智慧服务。此外，林长制智慧管理平台可结合已有信息化基础设施，实现与本地数字政务、河长制等平台共享建设，实现资源共享和互通，满足不同层次的业务管理应用需求，推动林长制各项业务融合与效能聚合，从而进一步加快林草信息化建设步伐。

五、人才保障

加强林长制人才队伍建设，设立林长制改革专家咨询委员会，建立林长制改革相关行业科技人才库，进一步完善岗位设置，建立健全专家咨询工作机制和专家评审制度，最终形成规模适当、素质优良、能力突出、结构合理的人才队伍。

本章系统介绍了林长制体系建设与运行情况。组织体系建设作为全面推行林长制改革的基础，对森林草原资源保护发展具有重要意义；责任体系将保护发展森林草原资源落实为党政主要领导的主体责任，这是林长制改革的核心和关键；考核评价体系是调动地方工作积极性、确保林长制工作落地生根的重要抓手；运行保障作为支撑，是保证林长制体系建设及有效运行的重要条件。

新疆温宿县（周小强 摄）

第四章

林长制工作实践

2021年3月23日，习近平总书记在福建三明考察调研指出，要尊重群众首创精神，推动改革顶层设计和基层探索相互动，把人民群众蕴藏的智慧和力量充分激发出来。林长制改革是自下而上探索形成的一项重大生态文明制度创新，来源于基层森林草原资源保护管理实践。在习近平生态文明思想、治理现代化、目标责任制和现代林业等理论的指导下，各地把林长制作为林草工作的主抓手、主动力，不断完善林长组织、责任与制度体系，规范资源管护网格，突出示范样板带动，狠抓林草改革创新，推动林长制工作由"全面建立"向"全面见效"转变。

第一节　林长制改革典型省

自2017年开始，安徽和江西两省聚焦森林草原资源保护管理，着力深化体制机制改革，在全国率先推行林长制。通过林长制改革，各级党政领导抓生态建设的责任意识逐渐增强，森林草原资源管理责任更加明确，措施更加有力，成效更加显著，生态环境质量进一步提高，为全国全面推行林长制树立典型、提供样板。

案例一　安徽省以林长制促进林长治

一、基本情况

为深入贯彻习近平总书记2016年4月考察安徽"把好山好水保护好"重要指示精神，安徽省以习近平生态文明思想为指导，从2017年3月开始率先在合肥、安庆、宣城3市试点探索林长制。2017年9月，中共安徽省委、安徽省人民政府印发《关于建立林长制的意见》。2019年，经国家林业和草原局批准建设全国林长制改革示范区。2020年8月，习近平总书记亲临安徽省考察，作出落实林长制的重要指示，要求"把生态保护好，把生态优势发挥出来"。2021年7月21日，中共安徽省委办公厅、安徽省人民政府办公厅印发《关于深化新一轮林长制改革的实施意见》。

二、主要做法

（一）建立组织体系

1. 林长设立

建立省、市、县、乡、村五级林长制组织体系。省、市、县（市、区）设立总林长，由党委、政府主要负责同志担任；设立副总林长，由党委、政府分管负责同志担任。市、县（市、区）根据实际需要，分区域设立林长，由同级负责同志担任。乡镇（街道）设立林长和副林长，分别由党委、政府主要负责同志和分管负责同志担任。村（社区）设立林长和副林长，分别由村（社区）党组织书记和村（居）委会主任担任。截至 2021 年年底，安徽省 16 个市 104 个县全面推行林长制，有省、市、县、乡、村五级林长 52134 名，其中，省级林长 16 名、市级林长 275 名、县级林长 1845 名、乡镇级林长 13383 名、村级林长 36615 名。

省、市、县（市、区）设立林长办，其中，省级林长办设在省林业局。

2. 部门协作

省、市、县（市、区）建立林长会议制度，协调解决森林资源保护发展重大问题。林长会议由总林长、副总林长、林长、相关负责同志和成员单位主要负责同志等人员参加。其中，31 家省直单位主要负责人为省级林长会议成员。

3. 明确责任区域

在自然保护地、国有林场等重要生态区域，根据需要划定省级、市级、县级林长责任区。

（二）构建责任体系

省级总林长、副总林长负责组织领导全省森林资源保护发展工作，承担全面推动林长制的总指挥、总督导职责。市、县（市、区）总林长、副总林长负责本区域的森林资源保护发展工作，协调解决重大问题，监督、考核同级相关部门和下一级林长履行职责情况，强化激励与问责。林长按照分工，负责相关区域森林资源保护发展工作。乡镇（街道）级、村（社区）级林长和副林长负责组织实施本地森林资源保护发展工作，建立基层护林组织体系，加强林权权益保护和责任监管，确保专管责任落实到人。

（三）完善制度体系

省、市、县（市、区）均建立林长会议、信息公开、部门协作、工作督查 4 项基本制度。同时，为保证林长制更好地有效运行，省、市、县（市、区）结合实际，出台巡林、考核等其他配套制度，共计 800 余项，逐步形成上下衔接、协同高效的"1+N"立体式森林草原资源保护发展制度体系。

1. 出台相关文件

2018 年 4 月，为解决生态效益补偿低、林地经营权流转困难、林区交通基础设施建设滞后、林权融资难、社会资本参与林业建设积极性不高等难题，中共安徽省委办公厅、省人民政府办公厅印发《关于推深做实林长制改革优化林业发展环境的意见》，构建了以解决林业发展问题、补齐政策短板的制度平台。2018 年 12 月，安徽省林长办印发《关于全面建立林长制"五个一"服务平台的指导意见》，明确要求建成以"一林一档"信息管理、"一林一策"目标规划、"一林一技"科技服务、"一林一警"执法保障、"一林一员"安全巡护为主要内容的林长制"五个一"服务平台，切实为林长履职提供制度保障和服务支撑，制度建设进一步向加快林业发展、强化林业治理的实质领域延伸。2022 年 4 月，安徽省林长办印发《关于提升林长履职效能的若干举措》，明确提出建立健全落实会议制度、落实林长巡林制度、落实林长责任区制度、直接联系林业产业基地、直接联系林业经营主体、直接联系基层林长 6 项工作方法。

安徽省发改委、财政、金融、交通运输、自然资源、住房建设、检察、公安等部门围绕林长制改革出台推进国土绿化和森林资源高质量发展、提高公益林补偿标准、加快林区道路建设、拓展林业投融资渠道、发展特色林业产业、加强湿地保护修复、

安徽省滁州市全椒县薄壳山核桃林下套种中药材（沈果 摄）

深化国有林场改革、推进林业行刑衔接等 20 余个配套文件，打出了强林惠林的政策支撑"组合拳"。

2. 创新出台制度

各地结合实际，在建立基本制度的基础上，创新建立工作提示单、巡林记录单、问题交办单、落实反馈单工作闭环机制、"林长 +"协作机制等配套制度。安徽省出台全国首个省级"林长 + 检察长"协作机制，强化森林执法部门协作。六安市实施林长制"正面清单"和"负面清单"、总林长令和警示函 3 项制度，规范林长履职。宣城市建立县级林长巡林履职媒体公示制度，在报刊、网站等媒体公示 108 名县级林长履职情况。合肥市、滁州市、池州市等地建立林长制述职制度、基层林长履职尽责激励机制，完善履责登记、跟踪督办等制度。据统计，各地出台相关配套制度 768 项。

3. 出台全国首部省级林长制条例

安徽省在先行先试过程中，积累了丰富的实践经验，在认真总结林长制改革经验的基础上，明确提出有必要通过立法进行总结提炼并形成可复制、可推广的立法成果。2021 年 5 月，安徽省颁布《安徽省林长制条例》，并于 7 月 1 日起正式施行。这是全国首部省级林长制法规，明确林长制总体要求，规定林长制工作任务，健全林长制运行机制，实现了安徽省林长制从"探索建制"到"法定成型"的飞跃，为全国全面推行林长制改革提供"安徽样板"。

《安徽省林长制条例》共二十一条，一是明确林长制的立法宗旨、适用范围和基本原则（第一条至第三条）；二是规定林长制五个方面的主要任务，规范了省、市、县、乡、村五级林长的设立及其保护发展森林资源职责（第四条至第九条）；三是明确各级政府、有关部门和各级林长制办事机构的职责（第十条至第十二条）；四是规定实施林长会议、信息公开、投诉举报、考核和约谈制度（第十三条至第十七条）；五是对违法行为设定相应的法律责任（第十八条至二十条）。

（四）建立"五绿"目标任务体系

落实落细党中央关于党政领导干部生态文明建设责任，建立健全护绿、增绿、管绿、用绿、活绿等"五绿"协同推进的体制机制。一是加强自然保护区、林场、森林公园、古树名木和生物多样性保护，实现护绿目标；二是通过"点—线—面"拓展城乡绿化，通过退耕还林、封山育林、植树造林、退化林修复和森林抚育工程提升森林质量，实现增绿目标；三是强化破坏森林资源违法犯罪行为打击力度，筑牢林业病虫害、防火监测体系，实现管绿目标；四是加强林区基础设施建设，发展林特产品深加工，创建森林旅游和康养产业品牌，将科技成果运用到林业资源管理，实现用绿目标；五是提高社会资本和新型林业经营主体的结合度，持续推进以"林业三变"（林业资源变资产、林业资金变股金、林农变股东）为核心的集体林权制度改革，成立林权收储中心，为开发林权抵押贷款产品提供托底服务，拓展林业融资渠道，实现活绿目标。

2021年以来，着力推进"五绿"协同机制，升级"五绿"为"五大森林"行动，将"护绿""管绿"提升为聚焦生态安全保障的平安森林行动，将"增绿"拓展为科学绿化、提升质量的健康森林行动，将"用绿"深化为增加固碳能力、实现生态产品价值的碳汇森林行动和金银森林行动，将"活绿"推进为有效市场和有为政府更好结合、生态优势充分发挥的活力森林行动。

（五）创新工作模式

各级林长办发挥"参谋助手"作用，积极协调成员单位，省级林长会议成员单位分别定点联系30个林长制改革示范区先行区，立足实际，主动谋划，为党委、政府主要负责同志列出重点工作任务与问题清单，聚焦重点难点，逐项提出解决方案，做到"出得了考卷、答得了题目"，提高各成员单位

安徽省宿州市埇桥区农田林网建设（余文胜 摄）

履职能力，将治理落到实处。在省委党校（安徽行政学院）挂牌成立安徽省林长制改革理论研究中心，举办林长制改革座谈会和高端论坛，从理论高度和实践高度把脉改革发展现状，谋求林长制破题前行。依托合肥苗交会，成功搭建林长制改革成果展示平台和林业经济发展平台。省委组织部会同

2022 年 4 月 15 日，省长王清宪主持召开省级林长会议，部署全面深化林长制改革（安徽省林业局 供图）

省林业局，在省委党校举办全国林长制改革示范区建设专题培训班，提升林长履职能力。省林业局主要负责同志应邀为省委党校 400 多名主体班学员作林长制专题报告。结合制定"十四五"规划，依托工程项目开展生态保护修复，各市谋划实施林长制改革示范区建设项目 996 个，首次引进长江经济带珍稀树种、大别山生物多样性两个欧投行项目，总投资 1.4 亿欧元。

（六）构建全链条考核督查机制，强化结果运用

安徽省各市、县（市、区）根据本地实际，出台林长制考核评价细则，通过林长制工作督查考核，完善林长会议制度等，加强统筹调度，推动形成多部门参与、多元投入的联动机制。在省级考核中，省人民政府将林长制实施情况纳入各市目标管理绩效考核范畴，突出年度工作重点，细化量化林长履职、示范区建设、"五绿"任务落实等指标。严格考核程序，省林业局牵头，采取年终考核与日常工作相结合的方式，在各市自评的基础上，严格开展年度考核。每年组织开展第三方评估，全面客观评价各市林长制改革进展和成效。强化结果运用，林长制年度考核结果通报各市，并作为党政领导班子考核评价和干部选拔任用的重要依据，真正发挥考核的"指挥棒""风向标"作用。综合日常督查、专项督查和第三方评估结果，确定年度林长制工作督查激励对象，每市或县给予 200 万~300 万元奖励。

三、取得成效

五年来，安徽省林长制改革不断走深走实，组织体系全面建立，责任体系有效构建，制度体系不断健全，党政同责、属地负责、部门协同、源头治

理、全域覆盖的长效机制持续完善。各级党委和政府保护发展森林草原资源的主体责任进一步压实，逐步提升林业治理体系和治理能力现代化水平，为全国全面推行林长制提供"安徽样板"。

（一）压出了责任，担出了活力

省、市、县、乡、村层层设立林长，通过分区划片，实行网格化管理，明确基层林长和管护人员责任，形成环环相扣的责任链条，实现山有人管、林有人护、责有人担。安徽省建立督查考核制度，健全督查考核工作机制，由省级（副）总林长牵头或指定有关同志负责，每年对下一级林长和省直相关单位履职情况进行督查，并提出督查建议及整改方案。同时，每年对完善林长制组织体系、生态保护修复、城乡造林绿化等方面开展考核，考核结果作为党政领导班子综合考核重要内容和干部选拔任用的重要依据。这些举措使得各级林长责任意识不断加强，践行习近平生态文明思想的自觉性和主动性不断提升。

各级林长带头优化林业营商环境，助力林业"双招双引"。据统计，全省各类新型林业经营主体达 3 万余个；集体林权流转面积达 1350 万亩，比2016 年增加 506 万亩；林权抵押贷款规模近 300 亿元，比 2016 年增加一倍多。2021 年全省林业总产值达 5092 亿元，比 2016 年增加近 60%，稳居全国第一方阵。

《关于推深做实林长制改革优化林业发展环境的意见》明确指出，省直部门根据自身职责主动与林业对接，极大地调动了各种资源向林业聚集，提供了强大的外部要素供给，形成了各行各业关心林业、重视林业的良好局面。2019 年起，安徽省设立林长制考核奖励及林业增绿增效行动综合奖补资金 3亿元，其中，林长制考核奖补 5000 万元。2021 年，为推动新一轮林长制改革，安徽省在完善"五绿"协同机制的同时，推出"五大森林行动"，进一步拓展林业全面发展的内涵。各市县在林长的引领下，积极采取措施加快发展，强化治理、亮点纷呈。《安徽省林业保护发展"十四五"规划》指出，"十三五"时期末全省森林面积 417.53 万公顷，森林蓄积量 2.7 亿立方米，森林覆盖率30.22%，实现历史性突破。2019 年年底，根据安徽省林长制改革第三方评估调查，36738 份问卷反馈，99.28% 的乡镇、村干部对林长制改革持支持态度；2020 年年底 85478 份问卷反馈，群众满意度达 89.6%。

（二）协同了治理，整合了资源

林草资源保护发展是事关经济社会可持续发展的根本性问题，涉及范围广，受影响领域多，需要各级各部门和全社会的共同参与。林长制制度优势在于以林长为主导，部门内上传下达，部门间左右联通，统筹协调生态文明建设全局，达成广泛的行动共识，打破了现行"碎片化"治理模式，形成了部门协调、资源整合，政府与社会共同参与的新型治理结构和运行机制。与此同时，安徽省将深化新一轮林长制改革与长三角一体化发展、长江经济带建设等国家重大战略统筹协调部署，使党委、政府真正把生态文明融入经济社会发展大局，推进林业治理体系和治理能力现代化不断提升。携手沪苏浙林业部门，开展长三角一体化林长制改革示范区建设，建立林长合作、"五绿"并进、林业科技创新、林长制信息共享和林长制改革理论研究 5 项合作机制。安徽省通过整合人财物等资源，变单一要素管理为多要素综合治理，解决了林业发展重点、难点和堵点问题，有效化解了资源配置冲突，充分发挥林业资源要素潜力，全面释放了生产力。省级林长会议成员单位发挥自身优势，主动服务林业保护发展，在政策制定、项目谋划、体制机制创新等方面给予指导和支持，帮助解决实际问题，形成了合力攻坚的良好局面。各级林长统筹各方力量，注重整体谋划、科学施策，大力开展生态保护修复，大幅提升了林业治理能力和水平。2017—2021 年，全省完成造林 765 万亩，年均超计划任务 20%；农田林网建成率达 73.8%，皖江国家森林城市群基本建成；湿地保护率达 51% 以上，比 2016 年增加 13.4%；2017 年以来，森林火灾受害率始终保持在 0.5‰ 以下，远低于 1‰ 的国家要求。全省涉林违法案件数量总体呈下降趋势，2017—2021 年，全省立案查处各类涉林案件数量年均下降 17.98%；2021 年省财政投入林业资金 6.2 亿元，比 2017 年增长 72.5%。蚌埠市大洪山林场非法采石破坏生态问题整改案例成为林长制助推多部门协同发力、共同治理的典型。

（三）创新了制度，提升了效能

安徽紧扣"林"这个主题，紧盯"长"这个关键，紧抓"制"这个保障，紧贴"治"这个落点，聚焦基础性和具有较大牵引力的改革措施，带动多项制度变革，促进制度集成，提升系统性治理效能。通过林长制"1+N"制度集成，形成了地方林长制条例、林长制"五大体系"、"五个一"服务平台、考核评价机制、区域联动机制、生态补偿机制、"林长＋检察长"工作机制

沪苏浙皖林业部门主要负责人共同签署《林业部门共同建设长三角一体化林长制改革示范区合作协议》（安徽省林业局 供图）

由省委组织部、省林业局共同举办的全国林长制改革示范区建设专题培训班在省委党校（安徽行政学院）举行（安徽省林业局 供图）

等一系列的制度成果。信息和督查制度畅通了林业问题的发现机制，会议制度提供了林业决策的议事平台，考核评价提升了各级林长的责任意识。制度集成与完备的组织、责任体系有效对接，整合行政资源，重塑治理体系，汇聚更大合力，为补短板、解难题及提升林草治理能力现代化丰富了制度供给。安徽省通过实施林长制，将林区道路纳入"四好农村路"工程，建成国有林场场部、林下经济经营区域对外道路 237 公里，结束了国有林场过去 20 年基本未修路的历史。《安徽省林长制条例》的出台将全省林长制改革政策、制度和有益经验以地方性法规形式予以固化，实现了林长制从"有章可循"到"有法可依"，标志着安徽省林长制工作步入法制化轨道。

全面推行林长制以来，全省上下发展林业的积极性、主动性不断增强，各地出实招、办实事，在系统领域补短板、强弱项、疏堵点，重点项目攻坚突破方面成功案例不断涌现。

在 2019 中国·合肥苗木花卉交易大会上，时任省委、省政府主要负责同志，国家林草局主要负责同志和分管负责同志共同为全国林长制改革示范区落户安徽揭牌（徐国康、吴文兵 摄）

案例二　江西省全面推行林长制，绘就最美绿色画卷

一、基本情况

江西省是我国南方重点集体林区和重要生态屏障，自然资源禀赋良好，到处青山绿水。全省森林面积 1.55 亿亩，森林覆盖率 63.35%，居全国第二位，活立木蓄积量达 7.1 亿立方米，是中国"最绿"的省份之一。2016 年 2 月和 2019 年 6 月，习近平总书记两次视察江西时指出，绿色生态是江西最大财富、最大优势、最大品牌，一定要保护好，做好治山理水、显山露水文章，要走出一条经济发展和生态文明建设相辅相成、相得益彰的路子，打造美丽中国"江西样板"。2016 年，江西省抚州市在全国率先实施"山长制"。2017 年，九江市武宁县推行"林长制"。2017 年 10 月，中共中央办公厅、国务院办公厅批复《国家生态文明试验区（江西）实施方案》，为实现绿色崛起提供国家战略支撑。2018 年，江西省委、省政府在总结抚州市"山长制"和武宁县"林长制"成功经验基础上，反复调研、充分论证，将推行林长制纳入江西省《政府工作报告》。2018 年 7 月，中共江西省委办公厅、江西省人民政府办公厅印发《关于全面推行林长制的意见》，在全省全面推行林长制。2021 年 7 月，中共江西省委办公厅、江西省人民政府办公厅印发《关于进一步完善林长制的实施方案》，推动全省林长制工作再完善、再深化、再提升。

二、主要做法

（一）坚持高位推动，构建"党政同责、分级负责"五级林长组织体系

省委、省政府主要领导亲自谋划，分别担任省级总林长、副总林长，每年通过召开省级总林长会议、签发总林长令等方式，高位推动林长制工作，逐级明确任务，层层压实责任。

1. 建立五级林长体系

按照"分级负责"原则，构建了省、市、县、乡、村五级林长体系。根据《中共江西省委办公厅 江西省人民政府办公厅印发〈关于全面推行林长制的意见〉的通知》，省、市、县三级设立总林长和副总林长，分别由同级党委、政府主要负责同志担任；设立林长若干名，由同级相关负责同志担任。乡镇（街道）设立林长和副林长，乡镇（街道）党委主要负责同志担任林长，政府主要负责同志担任第一副林长，其他负责同志担任副林长。村（社区）

设立林长和副林长，村（社区）党组织书记担任林长，其他村（社区）干部担任副林长。截至 2021 年年底，共设置省、市、县、乡、村五级林长 45759 名，其中，省级林长 9 名、市级林长 96 名、县级林长 1414 人、乡级林长 14471 人、村级林长 29769 人。

2. 部门协作

省、市、县三级建立林长制部门协作机制，形成在总林长领导下的部门协同、齐抓共管工作格局。省级林长制协作单位包括省委组织部、省委宣传部、省委编办、省发改委、省财政厅、省生态环境厅、省自然资源厅、省审计厅、省统计局、省林业局等部门。协作单位各确定 1 名厅级干部为协作组成员，1 名处级干部为联络员。

3. 明确责任区域

林长责任区域按行政区域划分。省级林长责任区域以设区市为单位，市级林长责任区域以县（市、区）为单位，县级林长责任区域以乡镇（街道）为单位，乡级林长责任区域以行政村（社区）为单位，村级林长责任区域以山头地块为单位。国有林场按隶属关系由同级林长负责。

（二）坚持保护为主，着力构建森林资源网格化源头管理体系

1. 实行全覆盖网格化管理。将森林资源监管重心向源头延伸，以县（市、区）为单位，综合考虑地形地貌、林草资源面积及分布、管护难易程度等情况，将所有森林草原资源合理划定为若干个网格，一个网格对应一名专职护林员，使网格成为落实森林资源管护责任的基本单元，实现森林草原资源网格化全覆盖。

2. 组建"一长两员"队伍。以村级林长、基层监管员、专职护林员为主体，组建源头管理队伍。基层监管员一般由乡镇林业工作站或乡镇相关机构工作人员担任。专职护林员由生态护林员、公益林护林员、天然林护林员等力量整合而成。按照村级林长、基层监管员负责管理若干专职护林员的要求，构建覆盖全域、边界清晰的"一长两员"源头网格化管护责任体系，以适应并解决当前林业主管部门基层管理力量严重不足的问题。截至 2021 年年底，全省整合基层监管员 5696 人，聘请专职护林员 23109 人。

3. 保障护林经费。按照"渠道不乱、用途不变、集中投入、形成合力"原则，统筹现有生态护林员补助、公益林和天然林管护补助等资金，并争取财政资金支持，保障专职护林员合理工资报酬。截至 2021 年年底，全省专职

护林员人均年工资达 19332 元。

4. 实施智慧化管理。开发并推广应用江西省林长制巡护信息系统，实时监控记录护林员巡山护林轨迹，及时处理生态护林员发现的破坏森林资源违法事件。自系统投入运行以来，全省生态护林员巡护上报事件 43435 起、处理办结 43162 起、办结率达 99.4%，对违法事件有效做到早发现、早报告、早处置。

（三）坚持目标导向，着力构建"三保、三增、三防"目标体系

按照"明确目标、落实责任、长效监管、严格考核"的要求，确立了林长制的"三保、三增、三防"目标体系。"三保"指保持森林覆盖率稳定、保持林地面积稳定、保持林区秩序稳定；"三增"指增加森林蓄积量、增加森林面积、增加林业效益；"三防"指防控森林火灾、防治林业有害生物、防范破坏森林资源行为。计划到 2025 年，全省森林覆盖率稳定在 63.1% 以上，活立木蓄积量达 8 亿立方米，湿地保护率稳定在 62% 以上，森林资源质量稳步提升。力争到 2035 年，全省森林质量水平位居全国前列，森林生态功能更加完善、生态效益更加显现，林业生态产品供给能力全面增强，森林资源管理水平显著提升，基本实现林业现代化。

（四）坚持统筹推进，着力构建齐抓共管的运行体系

1. 出台地方法规。2022 年 5 月 31 日，江西省人大常委会审议通过《江西省林长制条例》，规定全省实行林长责任区负责制，明确省级林长每年巡林不少于 1 次，市级林长每半年不少于 1 次、县级林长每季度不少于 1 次，乡、村两级林长巡林由县级林长办公室安排，将全省林长制工作全面纳入法治化轨道。

2. 制定配套制度。省级层面建立完善林长会议、林长巡林、考核、督查督办、信息通报等配套制度，市、县两级也相应出台了贯彻落实的制度文件。同时，建立总林长发令机制，明确阶段性林业重点工作任务，推动党委、政府责任落实。

3. 建立协作机制。在省、市、县三级，将组织、编办、发展改革、财政、审计等部门纳入林长制协作单位，明确协作单位职责，形成在总林长领导下的"部门协同、齐抓共管"工作格局。

4. 设立专门机构。县级以上设立林长办，林长办主任由同级林业主管部门主要负责同志担任。林长办负责林长制的组织实施和日常事务，向总林长、

副总林长和林长报告森林草原资源保护发展情况，监督、协调各项任务落实，组织实施年度考核等工作。

5. 建立对接机制。成立由林业主管部门和相关协作单位人员组成的同级林长对接工作组，负责协调对接林长巡林、调研督导责任区域林草资源保护发展工作。

（五）坚持绩效引领，着力构建科学合理的考评体系

1. 明确考核指标。建立并完善林长制考核办法，将林长制年度工作考核与森林资源保护发展主要工作相结合，建立由 12 项保护性指标（其中森林覆盖率等 4 项为约束性指标）、2 项建设性指标构成的林长制目标考核体系。同时，将森林覆盖率等 4 项约束性指标任务分年度下达到各设区市，再由各设区市分解下达到所辖县（市、区），层层压实责任。

2. 优化考核办法。对各项指标完成情况，采取年底量化评价与日常工作相结合方式进行考核，既注重目标结果，又注重管理过程。同时，设置影响度考核指标，对工作创新、上级表彰、省级以上主要媒体正面报道等情况予以加分；对受到国家和省点名批评、省级以上主要媒体负面曝光、辖区发生森林资源重大案件等情况予以扣分。

3. 强化考核运用。每年年底，省林长办对各设区市林长制工作推进情况综合考核评估，考核结果在省级总林长会议上向全省通报，并纳入市县综合考核、乡村振兴战略及流域生态补偿等考核范畴，作为党政领导干部奖惩、任免和自然资源资产离任审计的重要依据，真正做到"工作有目标、考核有指标、结果有运用、奖罚能兑现"。

三、取得成效

江西省作为全国率先全面推行林长制的省份之一，是全面建设美丽江西的一项重大举措，为全国生态文明建设积累有益经验，探索新路径。通过全面推行林长制，各级党政领导保护发展林草资源的意识显著增强，林草资源管理水平大大提高，林草质量提升和生态富民成效显著，全省林草事业大保护、大发展的格局初步形成。

（一）党政领导森林草原资源保护发展责任意识显著增强

全面推行林长制以来，各级党政领导对森林资源保护意识明显增强。据统计，2021 年，全省签发总林长令 245 道，各级林长开展巡林 5975 人次，

提交林长责任区域森林资源清单 1950 份及问题清单 2528 份、林长工作提示单 2931 份，印发督办函 1907 份，市、县两级林长协调解决林草资源保护发展问题 3297 个，各级林长责任意识不断增强。

（二）森林资源保护管理机制更加完善

创新森林资源保护管理机制，建立"一长两员"源头管理体系，实现森林资源网格化管理全覆盖，森林资源保护管理成效大幅提升。根据国家林草局下发的卫星遥感判读结果，森林资源违法案件数量由 2018 年的 15468 个下降至 2021 年的 6036 个，下降了 61%；违法面积由 2018 年的 5966.9 公顷下降至 2021 年的 1955.5 公顷，下降了 67%；违法林木蓄积量由 2018 年的 210953.6 立方米下降至 2021 年的 25946.7 立方米，下降了 88%。

（三）森林提质增绿步伐明显加快

全面推行林长制以来，广大干部群众育林护林的积极性明显提高，增绿提质氛围更加浓厚。2021 年，全省共完成年度人工造林 7.41 万公顷，占国家下达任务的 222.4%，全省年度造林任务取得了连续超额完成的可喜成效，呈现出"扩绿增量"良好态势。扎实推进造林绿化落地上图工作，全省完成造林任务上图面积 23.72 万公顷，占国家下达计划的 150.8%。完成低产低效林改造（退化林修复）12.2 万公顷、封山育林 8.35 万公顷、森林抚育 38.91 万公顷、重点区域森林"四化"建设面积 1.62 万公顷，"生态优良、林相优化、景观优美"成效逐步显现，开启由绿色江西向多彩江西转变的新篇章。

（四）绿色生态红利得到充分释放

木材加工等传统产业逐步转型升级，油茶、毛竹等特色产业快速发展，森林旅游、森林康养等新兴产业异军突起，林业产业呈现出总量做大、结构做优的良好态势。2021 年，江西省油茶林面积 108 万公顷、油茶总产值达 416 亿元，油茶面积和总产值均位居全国第二；全省竹林总面积达 117.67 万公顷，竹资源总量位居全国第二；全省林下经济总规模达 236.94 万公顷，林下经济产值达 1630.1 亿元，产业和产值规模均位居全国前列。2021 年，全省林业总产值达 5740 多亿元，稳居全国第一方阵。

江西省林长制工作由"全面建立"向"全面见效"转变，相关工作经验先后多次被国家林草局以工作简报、培训班授课等方式在全国推广。2022 年，江西省上饶市荣获首批国务院林长制激励市。

案例三　湖南省推深做实林长制，推动生态文明建设高质量发展

一、基本情况

湖南地处长江中游，承东启西、连南接北，形成了"一江一湖三山四水"的生态格局；植被丰茂，物种多样，在全国生态版图中具有重要地位。截至2022年年底，全省森林覆盖率达59.98%，森林蓄积量达6.64亿立方米，草原综合植被盖度达86.54%，湿地保护率达70.54%，林业产业总产值达5540亿元。现有脊椎动物1045种，占全国的22.1%；有维管束植物6186种，占全国的18%。有国有林场216个、自然保护地582个，其中国家级的森林公园、湿地公园、风景名胜区、石漠化公园数量均居全国前列。湖南油茶产业发展持续

领跑全国，全省油茶种植面积、产量、产值和科技水平均居全国第一。

2020 年 9 月，习近平总书记在湖南考察时强调，要牢固树立绿水青山就是金山银山理念，在生态文明建设上展现新作为。在国家林草局的大力支持和正确指导下，湖南省于 2018 年开始林长制改革调研，2019 年将林长制研究纳入省委生态文明体制改革任务，2020 年选取靖州、石门、祁阳 3 县开展林长制改革省级试点。2021 年 7 月，省委办公厅、省政府办公厅印发《关于全面推行林长制的实施意见》；8 月，省委、省政府召开了第一次总林长会议和全省全面推行林长制工作动员会议，在全省全面推开了林长制。通过全省各级党委、政府及林业部门近两年的共同努力，全省已全面建立林长制，党政同责、属地负责、部门协同、源头治理、全域覆盖的林草资源保护发展长

洞庭飞鸟

湖南省印发《关于全面推行林长制的实施意见》

效机制基本形成，改革成效开始显现。

二、主要做法

（一）完善机构设置，有力健全组织体系

在上轮政府机构改革中，湖南省林业局保留正厅级独立运行，14 个市（州）、绝大部分县（市、区）林业局得到完整保留。全面推行林长制以来，湖南将完善林业系统的机构设置作为基础工作着力推进，吉首、泸溪、花垣、古丈、新田 5 个县（市）恢复设立了林业局，从而保留了完整的省、市、县三级林业机构，奠定了坚实的林长制组织基础。省委、省政府成立省林长制工作委员会，由省委书记、省长担任省总林长，由全体省委常委和省政府副省长等 16 位省领导担任省副总林长，并实行副总林长对全省 14 个市（州）、南山国家公园（试点）及长株潭生态绿心地区一对一分区包片负责。设立省林长制工作委员会办公室，由省林业局承担相关职能；省委编办明确在省林业局增设林长制工作处，核定行政编制 5 名。市、县、乡三级设立林长和副林长，分别由同级党政主要领导和同级负责同志担任。村级设立林长，由

中国共产党湖南省委员会

湘委〔2022〕87 号

中共湖南省委
湖南省人民政府
关于成立湖南省林长制工作委员会的通知

各市州、县市区委，各市州、县市区人民政府，省直机关各单位：

根据工作需要，省委、省人民政府决定成立湖南省林长制工作委员会。现将委员会组成人员名单通知如下：

总 林 长：张庆伟　省委书记、省人大常委会主任
毛伟明　省委副书记、省人民政府省长
副总林长：朱国贤　省委副书记
王双全　省委常委、省纪委书记、省监委主任

— 1 —

湖南省成立林长制工作委员会

湖南省林长制工作委员会办公室文件

湘林委办〔2022〕8 号

湖南省林长制工作委员会办公室
关于印发《湖南省省级林长责任分区方案》的
通　知

省林长制工作委员会各成员单位，各市州林长制工作委员会办公室：

经省级林长同意，现将《湖南省省级林长责任分区方案》印发给你们。请各地各部门按照责任分工，认真抓好工作落实。

湖南省林长制工作委员会办公室
2022年12月16日

- 1 -

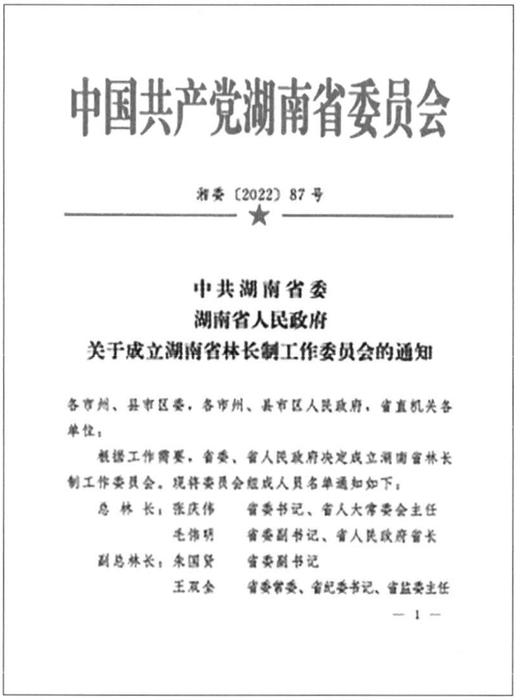

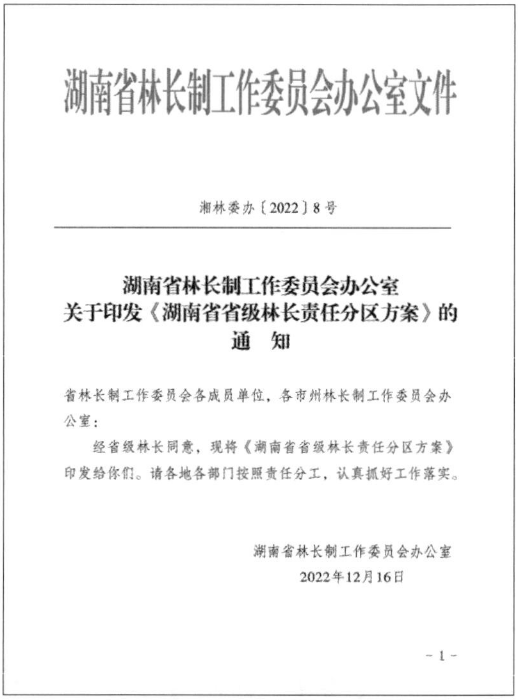

湖南省省级林长责任分区

湖南省邵阳市绥宁县关峡苗族乡林业站挂牌仪式

村（社区）党组织书记担任；设立副林长，由村（居）委会成员担任。各市（州）、县（市、区）均设立了林长制工作办公室，其中 14 个市（州）、103 个县（市、区）明确了林长办机构编制。坚持以林长制推进基层基础的夯实和完善，将乡镇林业站能力建设、生态护林员管理纳入林长制督查考核和激励范畴。全省 1755 个涉林乡镇（街道）均设立了林长制工作办公室，建设了 1358 个乡镇林业站，其中恢复设立 675 个乡镇林业站，各乡镇都明确 3 人以上专职人员负责林长制工作。在此基础上，湖南投入 2 亿元专项资金，着力强化林长办能力建设。鼓励各地创新乡镇林业管理，恢复设立乡镇林业站，积极探索了乡镇林长办、林业站一体化工作模式，将原乡镇林业站的基层林业管理服务职能与乡镇林长办的林长制统筹协调职能整合到一起，有效提升了基层林业管理效率。同时，提升护林员劳务报酬保障。加强乡镇林长办工作人员培训，举办了 3 期林长制业务培训班和乡镇林长办工作人员能力测试培训班，培训乡镇林长办工作人员 1200 余人。

（二）搭建“四梁八柱”，科学构建制度体系

根据中央《意见》要求，省委、省政府印发了全面推行林长制的实施意见，并在落实林长会议、信息公开、部门协作、工作督查4项制度的基础上，增配了总林长令、林长巡林、工作考核、工作通报、巡林规则5项制度。在制度的执行方面，也作出了翔实且严格的规定，尤其突出了各级林长以及各级党委政府、相关部门的责任，确保林长制工作长期稳定推进并落地见效，

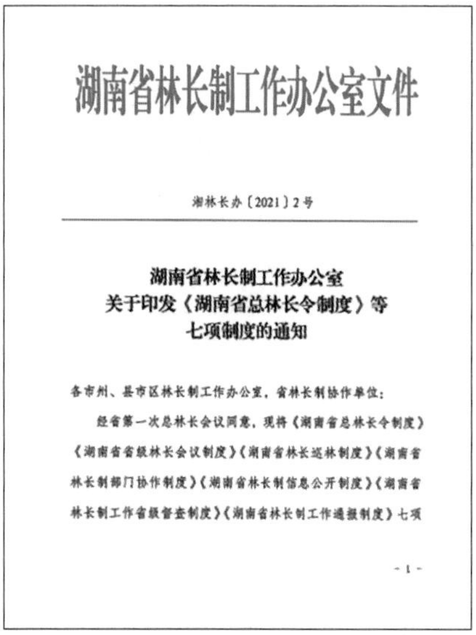

湖南省林长制工作办公室文件

湘林长办〔2021〕2号

湖南省林长制工作办公室
关于印发《湖南省总林长令制度》等
七项制度的通知

各市州、县市区林长制工作办公室，省林长制协作单位：

经省第一次总林长会议同意，现将《湖南省总林长令制度》《湖南省省级林长会议制度》《湖南省林长巡林制度》《湖南省林长制部门协作制度》《湖南省林长制信息公开制度》《湖南省林长制工作省级督查制度》《湖南省林长制工作通报制度》七项

- 1 -

湖南省印发林长制配套制度

湖南省总林长令

2022年第1号

关于加强森林草原防灭火工作的令

2022年4月18日

2022年湖南省印发林长令

中共湘西自治州委机构编制委员会办公室文件

州编办发〔2021〕87号

关于花垣县林业局独立设置等事项的批复

中共花垣县委机构编制委员会：

你委《关于花垣县政府工作部门优化调整的请示》（花编委请〔2021〕1号）、《关于将花垣县网络宣传服务中心升格等有关事项的请示》（花编委请〔2021〕4号）、《关于设立花垣县旅游事务服务中心等有关事项的请示》（花编委请〔2021〕5号）、《关于花垣县公安局双龙派出所更名的请示》（花编委请〔2021〕6号）收悉。经州委编委会研究，同意：

1. 花垣县林业局独立设置，作为县政府工作部门，加挂花垣县林长制工作办公室牌子，由花垣县自然资源局统一领导和管理，核定局长1名、副局长2名、总工程师1名。

2. 花垣县自然资源局不再加挂花垣县林业局牌子，核销花垣县自然资源局总工程师1名。

3. 撤销花垣县行政审批服务局，核销花垣县行政审批服务局局

- 1 -

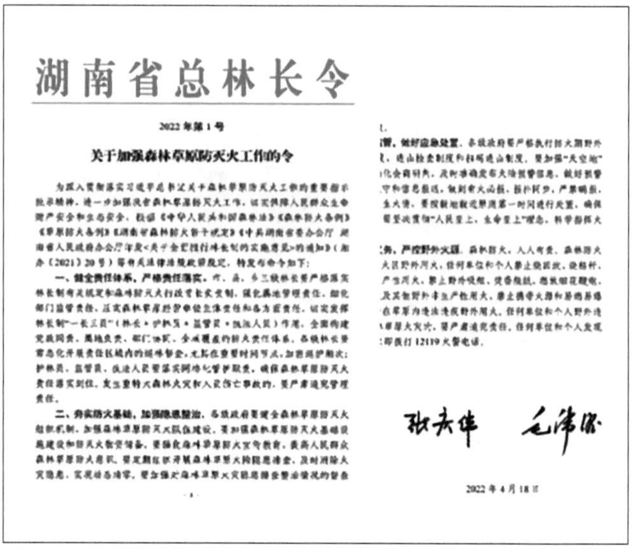

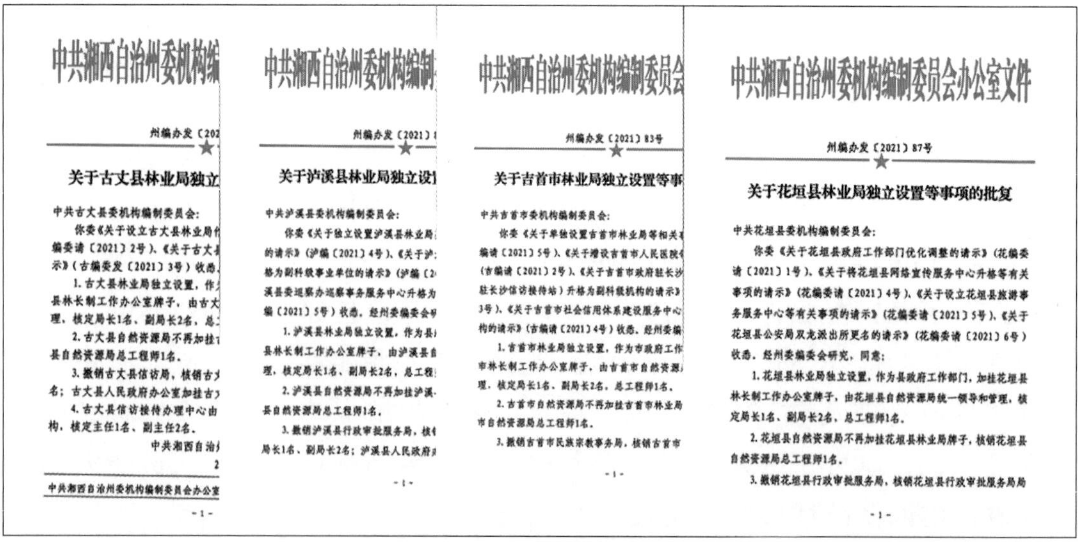

湖南省古丈等4个县恢复设立林业局

切实维护党中央权威。例如，总林长令制度规定各级林长应制定计划、强化措施，严格执行总林长令；上级林长应当加强对下级林长执行总林长令情况的督导检查；林长制协作单位及其他相关部门应当组织指导督促本行业认真执行总林长令；要对总林长令执行情况强化督查检查、严格考核评估等等。在林长制实施运行过程中，湖南省不断完善林长制制度框架，从而构建起林长制工作的"四梁八柱"。修订完善了《湖南省总林长令制度》。出台了《湖南省护林员网格化管理办法（试行）》《关于推深做实林长制推动林业高质量发展的意见》《关于加强基层林业执法能力建设的通知》《湖南省林业局真抓实干督查激励措施实施办法》《湖南省林草湿资源督查管理办法（试行）》《省林长办交办问题整改工作细则（试行）》以及"一长四员"相关管理制度。一些地方还积极创新，强化制度机制保障。岳阳市等9个市（州）建立"林长＋检察长"机制，怀化市等4个市（州）建立"林长＋督察长"机制，宁乡市等25个县（市、区）建立"民间林长"机制，浏阳市等21个县（市、区）建立"党建＋林长制"机制。

（三）配好"一长四员"，扎实建立管护体系

推行"一长四员"网格化管护体系，以林草资源一张图为基础，参考行政村（社区）区划，将全省林草湿资源划分为49954个管护网格，设立省、市、县、乡、村五级林长85651名，配备5.7万名护林员、4864名林业科技员、

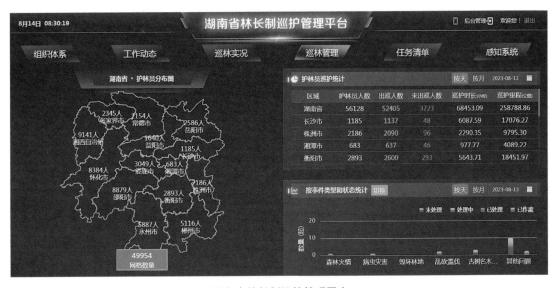

湖南省林长制巡护管理平台

1.18 万名监管员、6347 名执法人员，将管护责任落实到每个网格。出台《湖南省护林员网格化管理办法（试行）》，组建全省统一规范的专职护林员队伍，整合各类护林员，明确职责权利，逐步实现林草资源全领域、全周期管理，把保护工作落实到每一片林草，落实到"最后一公里"。依托"一长四员"网格化管护体系，森林防火、林业有害生物防控、林草资源保护管理等林业重点工作切实加强，在生态保护修复方面发挥了重要作用。压实网格"一长四员"防火、防疫、防破坏三大责任，先后系统性组织乡村林长和"四员"参与森林防火、森林督查、县域生物多样性资源调查、松材线虫病除治质量拉网式巡查、林业生态环境综合整治行动等重点工作，取得了较好反响和实效。

（四）打造智慧林业，切实强化支撑体系

湖南累计投入 3000 多万元建立湖南林业大数据体系，该体系整合建设了数据管理、资源管理、项目管理等 26 个业务系统，实现数据"从一个库进、在一个库更新、由一个库出"。依托该体系建立了"天空地"一体化感知平台，在"天"的层面实现 0.5 米高清卫星影像年度全覆盖、1 米卫星影像季度全覆盖、2 米卫星影像月度全覆盖，在"空"的层面接入 4500 多个高位视频监控和无人机探头，在"地"的层面融合全省林草管护网格等信息，从而构建了智能化、立体化的林业监测管理体系。特别是开发建成全省林长制巡护系统，与"天空地"一体化感知平台和国家生态护林员联动系统无缝衔接，

湖南省林业大数据系统

将林草管护网格信息和全省林长组织体系、林长办工作体系及"一长四员"等18万余名人员信息纳入林长制巡护系统管理,发挥系统在林长制组织管理、督查督办、巡林护林以及违规违法破坏林地资源事件处理作用,可全面支持林草湿资源和自然保护地监管、森林防火和林业有害生物灾害预警处置等工作,精确掌握全省林业发展动态,客观评价森林草原资源保护发展绩效,有效提升了林长制信息化管理水平和林草资源源头治理能力,实现了各类涉林问题快速发现、实时上报、高效处置。截至目前,全省护林员系统App推广使用率100%,上线巡护率达90%以上,有效巡护里程8411万公里,有效巡护时长超2359万小时,巡护上报事件2.7万余条,处理办结率达96%以上。

（五）优化考核评估,精准设计奖惩体系

湖南坚持目标导向、绩效导向,科学设置考核评价指标、方案,并将林长制工作纳入省级督查检查和市（州）党委政府绩效考核。制定了林长制督查任务工作清单,将森林防火、林业有害生物防治、自然保护地体系建设、林草资源管理、森林督查问题整改等重点工作纳入省委、省政府督查范围,实行督查检查问题清单销号管理。省委、省政府特别设立林长制真抓实干督查激励奖励资金,每年表扬激励林长制工作成效明显的4个市（州）、12个县（市、区）,极大调动了地方党委、政府发展林业事业积极性。成立了省林长制考核工作小组,开展了实施成效第三方评估,实行市（州）交叉考核,确保考核程序阳光透明、考核结果客观公正。同时,强化考核结果运用,将考核结果作为党政领导班子综合考核重要内容和干部选拔任用的重要依据。并建立了上级林长对下级林长督办、约谈及下级林长向上级林长述职制度,对担当作为、成效明显的予以奖励,对责任不实、严重落后的予以追责。每年年初通报考核结果并向市（州）党委、政府逐个反馈

湖南省林长制工作办公室文件

湘林长办〔2021〕8号

湖南省林长制工作办公室
关于印发《湖南省林长制工作考核制度》
的通知

各市州、县市区林长制工作办公室,省林长制协作单位:

《湖南省林长制工作考核制度》已经省级林长同意,现印发给你们,请认真贯彻执行。

特此通知。

湖南省林长制工作办公室
2021年12月27日

-1-

湖南省林长制考核制度

考核结果及意见，指出工作亮点、工作短板及工作要求，为各市（州）林业建设提供了科学的发展纲领和行动指南。开展先进单位、优秀林长、护林员标兵评选活动，积极推介宣传林长制先进经验和典型做法，营造浓厚"比学赶帮"的工作氛围。

三、取得成效

湖南通过全面推行林长制，聚焦生态保护、生态提质、生态惠民等林草资源重点任务，研究解决林业重点难点问题，推动林草资源保护发展取得明显成效。

一是工作格局全面拓展。湖南省、市、县、乡四级均成立林长制工作委员会，各级林委会将林草事业发展方向、重点任务、基本要求等纳入议事决策范围，形成了林委会领导、林长负责、部门联动、社会参与的全新工作格局，实现了林业资源保护由林业部门唱"独角戏"向党政各级部门共管的"大合唱"的转变。在林长制的引领下，林业部门推动林草事业发展有了更高的平台，林业重点工作在林委会的领导和总林长令的推动下，执行的效率更高、效果更好，提升了林业事业发展的权威性和影响力。

二是属地责任层层压实。湖南明确各级党委、政府负责人担任同级林长和副林长，设立省、市、县、乡、村五级林长和副林长共87491名。通过抓"关键少数"形成"头雁效应"，强化了各级林长保护发展林草资源的主体责任。2022年以来，省、市、县三级林长共开展巡林24129人次，为乡镇和村等基层林业发展协调解决工作队伍建设、护林员劳务报酬、乡镇林业行政执法、林业站建设、森林防火、林业有害生物防治、资源管理、自然保护地建设等生态保护工作困难和问题5143个。省副总林长牵头开展全省林业生态环境综合整治行动，约谈了5个县（市、区）政府主要负责人，回收林地1378.1公顷，全省森林督查发现违法使用林地面积和违法采伐林木蓄积量较2021年别下降83.35%、85.37%。

三是治理能力有效提升。林业信息化建设深入推进。在省级林长的支持和推动下，湖南林业大数据信息化项目完成主体开发并投入试运行，其中，湖南省森林防火调度管理平台省级林业指挥中心建成投入使用，湖南省林长制巡护系统和手机App运行良好，将林长制组织体系、林草湿资源管护网格、"一长四员"相关信息及其履职情况等纳入该系统统一管理，增强了实时感

省委书记沈晓明在洞庭湖湿地调研

护林员开展森林防火宣传

护林员巡林

知林情风险隐患、林业资源变化的能力，促进了各级林长履职尽责，提高了管护网格"三防"（防火、防疫、防破坏）能力。在国家林草局林业工作总站多期通报中，湖南生态护林员平均上线率一直位居全国前列。林业法治化进程明显加快。省人民政府颁布了《湖南省古树名木保护办法》《湖南省财政支持油茶产业高质量发展若干政策措施》《关于科学绿化的实施意见》《关于推进草原生态保护修复的实施意见》《关于巩固拓展国有林场改革成果推进秀美林场

邵阳市洞口县高沙镇林业站

怀化芷江侗族自治县罗卜田乡林业站

建设的通知》等林草资源保护发展重大政策措施。省人大、省司法厅开展了《湖南省林长制条例》《野生动物致害补偿办法》等法规规章立法前期调研。在公安部督办的"6·06"危害国家重点保护植物案中，浏阳市护林员黄蔚谷及时发现线索，协助林业、森林公安等部门彻底摧毁毒害古树跨省犯罪网络。

四是生态建设硕果累累。2022年，湖南省6项林业重点工作受到国家林草局表扬，特别是林长制工作连续两年获得国务院督查激励，国家林长制简

朱鹮野化放归仪式

醴陵官庄湖

报对湖南省林长制典型经验予以专版推介。全年完成营造林面积574.57万亩，为年度计划的147%。建设了省级生态廊道13.28万亩，义务植树3.01亿株，获评首批全国科学绿化试点示范省，长沙市、湘潭市成功争取中央财政国土绿化试点示范项目资金3.5亿元。新验收通过醴陵官庄湖、新宁夫夷江、通道玉带河、麻阳锦江4个国家湿地公园，国家湿地公园数量居全国第一。新增国家级林业产业龙头企业8家、省级林业产业龙头企业48家、省级林下经济示范基地96家。面对自1961年有气象记录以来的高温少雨、夏秋冬连旱的极端天气，省林委会发布了《关于加强森林草原防灭火工作的省总林长令》《湖南省封山禁火令》，5.7万名护林员在森林高火险期全勤在岗，做到全体发动、全员下沉、全力以赴，全省森林火灾发生率较同等气候条件的2013年下降90%以上。以"一长四员"和各地生防部门专业人员为骨干在全省开展了松材线虫病除治质量拉网式专项巡查，成功拔除5个县级松材线虫病疫区，成灾面积达到历史最低值，林业有害生物成灾率控制在5.35‰。在全国率先开展县域生物多样性资源调查监测，划定了12条主要候鸟迁徙通道，南山国家公园管理局放归"朱鹮"12只。

第二节　国务院林长制激励市县

2022 年，根据《国务院办公厅关于新形势下进一步加强督查激励的通知》《国家林业和草原局　财政部关于印发〈林长制激励措施实施办法（试行）〉的通知》，遴选了 2021 年度全面推行林长制工作成效明显的激励市县，分别为辽宁省桓仁满族自治县、安徽省宣城市、福建省南平市、江西省上饶市、湖北省十堰市、湖南省浏阳市、重庆市云阳县、新疆维吾尔自治区温宿县。同时考虑到东、中、西部地区发展差异，充分调动和激发了各地保护发展林草资源的积极性、主动性和创造性。

案例一　安徽省宣城市打造"五区"建设

一、基本情况

宣城市是安徽省重点林区之一，林地面积 70.84 万公顷，活立木蓄积量 3275.85 万立方米，森林覆盖率 59.46%，省级以上自然保护地 27 个，8 公顷以上湿地面积 5.26 万公顷，2022 年成功入选国家森林城市。2017 年以来，宣城市作为安徽省探索实施林长制改革三个试点市之一，持续在完善林长制工作体系、统筹保护发展、坚持依法规范、夯实产业基础和加强宣传引导方面发力，打造"五区"建设，推动林业工作由"单一分管领导抓"向"党政领导齐抓共管"转变，由"单一部门抓"向"多部门协同发力"转变。

二、主要做法

（一）打造林业改革先导区

率先建立县级林长巡林履职媒体公示制度、乡村两级林长履职公示公开制度。率先出台《宣城市自然保护地规范管理十条规定》，27 个省级以上自然保护地均成立管理机构、编制总体规划。率先建立林业行政执法与公安有效衔接机制，建立"林长＋检察长"协作机制，出台《关于建立宣城市森林资源保护"五长五联"协作机制的意见》。创新"云端植树、落地有惠"义务植树激励机制，被写入《2020 年中国国土绿化状况公报》。引导村级集体经济组织成立"两山"公司，向自愿加入的林权人颁发《生态资源受益权证》，确保森林生态效益提供者的权益。创新绿色金融服务机制，7个县（市、区）均成立林权收储担保中心，累计落实林权抵押贷款58.3亿元；探索开发"绿水青山贷"，已累计发放11笔，贷款总额732万元。首创《县级、乡级、村级林长工作守则》，探索制定《县乡村三级林长履职操作规范》，推进林长履职标准化。成立市级林长制改革理论研究中心，举办县、乡、村三级林长轮训暨林长制改革理论研讨班，提升林长履职能力。市林长办和市林业局联合印发《宣城市推进林长制改革　促进林业高质量发展奖补政策》。市财政每年安排专项资金1020万元，用于林业改革发展、生态保护等方面。

（二）打造林业资源优质区

突出以青弋江、水阳江水清岸绿为主的绿化建设工程"插绿"，突出以高铁、高速沿线为主的景观提升工程"植绿"，突出以自然保护区、自然公园为主的生态保护工程"复绿"。2021年，营造林11.43万公顷，突出以国家级森林乡村、省级森林城镇和森林村庄为主的森林创建示范工程"增绿"，累计建成国家森林乡村39个、省级森林城镇63个、省级森林村庄331个。落实森林防火分头督导、分片包保、分区治理、分级负责、分段巡查、分点看守、分发物资、分步培训、分类宣传、分秒必争的"十分措施"。新建森林防灭火野外视频监控点位55处，13个国有林场、27个省级以上自然保护地实现"防火码"全覆盖，全年未发生森林火灾。在全国首创松材线虫病除治"十条规定"及"实施细则"。完善四级林业有害生物监测预警网格，2022年设立市级监测点50个；培植社会化防治服务力量，林业有害生物得到了有效控制，未造成大面积灾害，未发生林业有害生物防治重大安全事故或次生灾害。

（三）打造林业治理先行区

在推进综合监测方面，全面完成2022年林草生态综合监测评价142个样地调查。在全省率先开展森林生态服务价值实测评估，全市70万公顷林地评估价值801.7亿元/年、人均生态福利3万元/年。实施碳汇森林行动，完成全省林业碳汇交易和林业碳汇预期收益权质押贷款第一单；率先在全省打造零碳"第一校"，打造全省首例"低碳矿山"；成功签约"全省首单森林碳汇价值保险"，落实"安徽省首批森林碳汇授信贷款"。加强执法监管方面，2022年，主要利用最新遥感卫片数据，完成6958个森林督查图斑现地核实，办理林业行政案件204起、移交刑事案件16起，有力保障森林资源安全。在规范资源利用方面，严格执行林木采伐限额管理，全市 2022 年上半年发证采伐量 13.04 万立方米，占年采伐限额的 14.53%；严格执行林地定额管理，优先保障重点工程建设。野生动物保护方面，在全省率先探索实施陆生野生动物肇事保险理赔，全市 7 个县（市、区）实现全覆盖；2022 年 1—8 月，宣城市野生动物损害保险赔偿 1205 起，赔偿金额 231.66 万元。

（四）打造生态富民示范区

支持多种林业经营主体共同发展，全市现有国家林业产业示范园区 1 个，国家林下经济示范基地 5 个，省级特色林业高质量发展示范园 4 个，国家林

宣州：敬亭春晓（宣城市林业局 供图）｜ 旌德：山村如画（宣城市林业局 供图）

泾县：桃花潭里人家（宣城市林业局 供图）

业重点龙头企业 7 家，省级林业产业化龙头企业 131 家，新型林业经营主体 5158 家。成立安徽省首家、国内规模最大的山核桃专业托管服务公司，托管经营山场 1.7 万亩。支持三大特色林业产业发展，累计经营竹林 17.73 万公顷、木本油料 4.47 万公顷、林下中药材 1.13 万公顷，2021 年，林业总产值 733 亿元，林业收入占农村人均可支配收入的 26%。56 个试点村开展林地股份制经营，林地适度规模经营面积 1.77 万公顷。签约落地森林休闲旅游康养项目 11 个，总投资额超 29 亿元，建成"中国森林氧吧" 6 处，省级森林康养基地 4 处，打造森林旅游精品线路 10 条，建成游览步道 5900 公里。

宁国：青龙湾秋色（宣城市林业局 供图）

绩溪：开往春天的列车（宣城市林业局 供图）

广德：笄山竹海（宣城市林业局 供图）

（五）打造生态文化展示区

　　承办安徽省"世界野生动植物日"宣传活动，举办史上最大规模的扬子鳄野外放归活动，放归人工繁育扬子鳄530条，2019年以来，野外放归扬子鳄数量达1300条。举办宣城市纪念全民义务植树40周年暨"碳达峰、碳中和"系列活动，13家企业建设"碳中和林"36.5公顷。开展"春节春季回家，我为汽车栽棵树"活动，7个乡（镇）组织4250人次开展54场次植树活动，栽植树木30220株。挖掘古树的人文内涵，

花开人跃（宣城市林业局 供图）

宣城市林业碳汇交易第一单签约仪式

广德市邱村镇大力发展林下种植大球盖菇产业，助力乡村振兴（宣城市林业局 供图）

水东蜜枣丰收（宣城市林业局 供图）

乡林长、村林长查看林下经济作物黄精

2020年10月9日，《人民日报》专版报道安徽林长制改革实践（宣城市林业局 供图）

建成全省首个古树公园，累计建成古树公园 6 个。组织《中华人民共和国湿地保护法》宣传活动；建成全省唯一的扬子鳄宣教馆，传播扬子鳄文化，大力宣传"中国好人"余世珍先进事迹，引导社会公众参与野生动物保护工作。在《人民日报》、央视《新闻直播间》《中国绿色时报》等主流媒体报道宣城市森林、湿地、野生动植物、古树名木资源保护等特色做法。

三、取得成效

宣城市通过打造"五区"建设，连续两年位居"中国绿都"综合评价前十强。2021 年 5 月，国家林草局批复宣城市为全国 6 个林业改革发展综合试点市之一，成为安徽省唯一一个林业改革发展综合试点市。2021 年 11 月，《旌德县探索生态资源受益权制度》作为安徽省唯一的典型案例入选国家林草局第二批《林业改革发展典型案例》。2021 年，宣城市在安徽省乃至全国率先开展林长制改革创新及亮点工作 20 项，被中共安徽省委办公厅、安徽省人民政府办公厅信息刊物 22 次刊发创新做法和典型经验，3 次得到省领导批示，被《绿化简报》《国家林业和草原局林长制简报》《中国绿色时报》刊发报道林长制典型做法 34 次。宣城市 2021 年度全面推行林长制工作成效明显，荣获国务院林长制激励。

案例二　江西省上饶市推进林长制落地见效

一、基本情况

江西省上饶市"六山一水分半田，分半道路和庄园"，土地总面积 227.9067 万公顷，林业用地面积 137.213 万公顷，占总面积的 60.2%。上饶市 2018 年全面推行林长制以来，深入践行习近平生态文明思想，围绕"做实林长制、实现林长治"工作目标，持续健全组织体系，压实工作职责，创新工作举措，狠抓任务落实，林长制工作组织保障体系、网格化监管体系、信息化监测体系及考核制度化体系不断完善，连续四年考核名列全省前茅。

二、主要做法

（一）健全四大体系，织密保护"一张网"

1. 健全组织保障体系。严格按照《中共安徽省委办公厅　安徽省人民政

上饶市广丰区铜钹山旖旎风光（江西省林业局 供图）

府办公厅关于进一步完善林长制的实施方案》要求，市级林长由原四套班子领导调整为市委常委、市政府副市长担任。各县、乡级林长均由党政负责同志担任，进一步加强林长组织体系建设，强化组织领导，各级落实专人负责林长制工作。市本级成立专门的林长办，明确4名工作人员专门负责林长制工作；县（市、区）从林业主管部门内部抽调1~3名工作人员，充实加强县林长办工作力量；乡镇（街道）明确承担林长制工作机构，乡镇（街道）分

上饶市加强鄱阳湖湿地保护，吸引越来越多的候鸟前来越冬（江西省林业局 供图）

管林业工作的有关领导牵头负责，并明确 1~2 名工作人员负责林长制工作，真正做到林长制工作有人管事、有人做事，充分发挥林长办统筹协调、推进落实的职能作用。全市确定市级林长 15 名（含总林长和副总林长各 1 名）、县级林长 166 名、乡级林长 1913 名、村级林长 3028 名，同时明确责任区域，织密并压实了各级林长责任，形成了责任到人、分工明确、一级抓一级、层层抓落实的森林资源保护格局。

2. 健全资源网格化管理体系。以卫片为底图、县乡为区域、山头小班为单元绘制森林资源管护网格化"一张图"，将全市 138.467 万公顷林地划为 3018 个网格，形成了森林资源护林网格化"一张图"，实行资源网格化管理。生态护林员责任区域设置了护林必巡线路，明确了区域、责任、线路，确保每一块林地均有专人负责、专人管护，形成了"横向到边、纵向到底、相向到人"的资源保护网格化管理新体系，给每个生态护林员落实了责任田。

3. 健全信息化监测体系。全市搭建了林长制信息化管理平台和护林员巡护管理系统，实行"定人、定点、定时、定责任"管理。县林长办配备统一的大型视频投影、统一的大型森林资源网格化管理一张图、统一的系统后台管理员，按照"源头有人巡，后台有人盯，问题有人查，责任有人担"的管理机制，确保护林巡护率、事件上报率和事件处理率到位。实现生态护林员发现问题和上报问题、监管员监督问题、各级林长处理问题的及时有效，真正做到山有人管、树有人护、责有人担。

4. 健全考核评价体系。年度考核分工作考核、目标考核、影响度考核三大部分，每年根据年度重点工作，完善年度考核评分办法，由市林长办组织，市协作单位参与，对每个县（市、区）进行严格的林长制专项考核。将中央环保督察、森林督查、矿山整治、"绿盾"专项行动等发现问题整改作为保护性指标重点，松材线虫病防控、森林防火作为保护性指标难点，将国土绿化、林业经济、天然林保护修复以及自然保护地整合优化等工作作为发展性指标，全面纳入督导考核体系，并作为党政领导干部综合考核评价和自然资源资产离任审计的重要依据。全面推行林长制以来，连续四年开展了林长制考核，充分发挥考核"指挥棒"作用，推动林长制工作走深走实。

（二）创新五大机制，强长补短"一本清"

1. 狠抓示范促提升带动机制。上饶市紧紧围绕打造林长制升级版的要

上饶市广信区望仙谷景区（江西省林业局 供图）

上饶市横峰县葛源镇麒麟峰（江西省林业局 供图）

求，抓示范、促提升，全力打造示范县、示范乡、示范基地。按照每位县级林长至少帮建一个示范基地、每个县要打造 2 个以上示范乡、每个示范乡要打造 2 个以上示范村的总要求，认真打造林长示范县和示范基地。目前，全市已打造示范县 8 个、示范乡 24 个、示范基地 122 个。

2. 健全"四单一函"督查督办机制。将原有"三单一函"升级为"四单一函"，新增问题整改反馈单，真正做到林长巡林前有问题督导，巡林后有问题整改反馈，切实提高巡林质量。2021 年以来，市、县林长办向各级林长提交"四单一函"1908 份，协调解决森林资源保护发展问题 513 个。

3. 实行问题倒查倒逼机制。围绕推深做实林长制，打造林长制升级版，正向激励、反向倒逼。将"一长两员"履职情况与国家、省、市各项工作检查中发现的问题相比对，对工作落实不到位的，启动问题倒查机制，倒逼村级林长、基层监管员、专职护林员履职到位。以森林火灾为切入口，对 2022 年已发生的 8 起森林火灾全部进行通报，并对相关责任人追责问责，其中，对玉山县、广丰区、广信区、弋阳县、横峰县等地追究相关责任人 37 人、生态护林员 5 人。

4. 建立"超前预警"监督机制。通过购买卫星遥感影像，每季度对卫片进行比较分析，结合采伐、火烧、营造林、项目建设等数据，提前发现疑似非法图斑。结合实地核查，确认为非法变化图斑的，通过"四单一函"方式，及时查处、及时整改、及时恢复，有效遏制违法破坏森林资源行为。

5. 创建树典型推经验机制。实行林长制进党校，"优秀林长、监管

上饶市玉山县怀玉山（江西省林业局 供图）

婺源篁岭古树群（江西省林业局 供图）

员""最美护林员"评选机制，建立"林长＋检察长""林长＋警长"联动机制，推行玉山县"与护林员同行"活动等先进经验。全市已评选优秀乡村级林长 54 名和最美护林员 70 名，奖励每位生态护林员 1500 元，实现正向激励。在省级以上主要媒体发表文章 23 篇，召开林长制新闻发布会 2 场，编制简报110 期，举办生态护林员培训 50 期。

（三）完善六项机制，各司其职"一盘棋"

1. 高标准落实会议制度。市委、市政府每年年初召开市级总林长会，全面研究部署林业工作。各县（市、区）也相继召开县级总林长会和乡、村级林长制工作会，印发《林长制工作要点》，针对林业重点时期重点工作，各级总林长均签发了总林长令，做到早动员、早部署、早落实，有力推动林长制各项工作落地落实，解决了森林资源保护发展存在的问题。2018 年以来，全市召开市级总林长会议 5 次、县级总林长会议 65 次，高位推动各项林业工作落地。

2. 推行林长发令制度。通过总林长签发"总林长令"来确定阶段林业工作的主导方向、工作目标、主要责任。2018 年以来，市委书记、市级总林长签发总林长令 8 道，先后在工作通报、工作专报上作出专门批示 10 次；县委书记、县级总林长签发总林长令 96 道，有力推动了林长制工作落地落实。

3. 严格落实林长巡林制度。通过林长巡林，真正为林业化解矛盾、解决问题。市级林长巡林携带《巡林手册》，半年开展一次巡林，解决实际问题；县级林长每季度开展一次巡林，用水印相机拍摄现场巡林照片和解决实际问题情况作为凭证。2022 年以来，全市 15 名市级林长开展巡林 18 次，同时，通过召开座谈会、县级总林长表态、市林长办点评、市级林长总结交办等方式，协调解决林长制经费、自然保护地整合优化等问题 8 个。玉山县等地开展"与你同行"活动，要求县、乡、村林长陪同生态护林员一起开展巡林活动，既丰富了林长巡林具体内容，压实了林长巡林责任，又提高了生态护林员巡山护林的积极性。

4. 完善部门协作制度。根据林长制工作需要，不断完善林长制部门协作机制。将检察、公安、应急等与林业生态保护发展密切相关的 14 个部门作为林长制协作单位，通过召开联席会议等方式，充分发挥协作单位职能作用。建立"林长 + 警长""林长 + 检察长"等协作机制，促进林业行政执法与刑事司法衔接，形成在总林长领导下的"部门协作、齐抓共管"工作格局。

5. 创建督查督办机制。对推不动、有难度的工作，采用督办形式，向各级林长或林长办口头督办或发督办函形式，推动问题解决。2018 年以来，市林长办共下发督办函 86 份，各级林长协调解决痛点、难点问题 103 个。

6. 健全领导对接制度。林业主管部门分管局长和科室负责人以及相关协作单位组成对接林长的班组，通过定时汇报工作，畅通信息，更有利于开展工作。

三、取得成效

自全面推行林长制以来，全市森林质量显著提升，森林火灾数量、过火面积、发生率实现"三连降"，森林资源管护有力，森林督查问题图斑数量逐年下降，松材线虫病防控"三年攻坚战"行动见效，打响了三清山等重点生态区域松材线虫病防控保卫战。截至 2021 年年底，国家重点保护野生动植物物种保护率达 95% 以上；对全市古树名木实行统一编号、挂牌、拍照，建立档案和划定保护范围，古树名木挂牌保护率达 100%；率先在全省将自然保护监督管理纳入林长制上饶云平台监管系统，自然保护地管理能力不断提升；持续开展各类涉林违法犯罪专项整治行动，严厉惩处破坏森林资源违法行为。通过制定规划引领、投入促进、扶持龙头带动、推动科技创新支撑等措施，有力促进油茶、笋竹、森林药材、森林景观资源利用四大主导产业的发展。推广"公司＋基地＋贫困户""企业＋合作社＋基地＋贫困户"等模式，开展贫困人口转化为生态护林员工作，共覆盖了 366 个贫困村，带动贫困户数 5.3 万户，带动贫困人口 1.6 万人，人均每年增收 2366 元，有效带动建档立卡贫困人口脱贫增收，实现生态建设与乡村振兴"双赢"。《瞭望东方》《江西日报》《中国绿色时报》等主流媒体广泛深入报道上饶市林长制工作，影响力持续扩大，全市林长制工作从"全面建制"向"全面见效"转变。

案例三　福建省南平市聚焦"四绿"推进林长制

一、基本情况

2021 年，南平市深入贯彻习近平生态文明思想和习近平总书记来闽考察重要讲话精神，以建设全国林业改革发展综合试点市为契机，全面推行林长制，在"管绿、护绿、创绿、增绿"等方面取得突出成效，让绿水青山的底色更亮、"金山银山"的成色更足。南平市获评全省 2021 年林长制工作考核第一名，获国务院林长制激励市。

二、主要做法

（一）建立"协同作战"新体系，让林长制"管绿"有力

建立健全林长制组织体系，实现"常规部署"向"高位推动"转变。

1. 高位推动强组织。实行市委、市政府主要领导"双林长"与市委、市政府相关领导"分区挂片"工作机制，各级林长通过巡林护林、发布林长令、运用"三单一函"等方式履职尽责，实现压力层层传导、责任逐级压实。2021 年年底，南平市共设市、县、乡、村四级林长 3398 名、林长公示牌 1905 个。

2. 多方协作强推进。市、县两级均成立林长办，制定《南平市林长制市

级会议制度（试行）》等五项配套制度，明确15个林长办协作单位，并通过"线上＋线下"广泛宣传全面推行林长制的重大意义，形成林长牵头负责、部门协同配合、全社会支持参与的"大合唱"格局。

3. 督查问效强落实。按照国家、省级工作考核制度等，结合本地实际，科学制定考核实施细则。定期梳理各县（市、区）林长制实施情况，按照定目标、定要求、定时限"三定"要求，实行问题定期通报、任务及时交办、进度动态跟踪等工作模式。

4. 精细管护强保障。坚持人防、物防、技防并重，广泛运用无人机、远程监测视频系统等现代科技手段，结合3408名生态护林员开展生态巡查，将林地林木资源、野生动物及湿地监测、森林防火、病虫害防治等纳入巡山护林内容，实现"山有人守、树有人护"。

武夷山国家公园（黄海 摄）

武夷山国家公园（黄海 摄）

美丽乡村：福清市东张镇（黄海 摄）

松溪县溪东乡多彩森林（王大伟 摄）

（二）创新"标本兼治"新模式，让林长制"护绿"有效

突出当前治理和长远根治相结合，实行最严格的生态保护制度，实现"粗放管理"向"精准施策"转变。

1. 创新"林长＋三长"工作机制。建立"林长＋警长""林长＋检察长""林长＋法院院长"协作机制，完善案件办理信息互通、资源共享、案件移送、取证鉴定、联合巡查、规范执法等环节，形成司法与行政执法协作联合联动，为及时依法打击涉林违法犯罪行为提供坚强法治保障。

2. 建立"三防一提升"工作机制。出台《南平市建立环武夷山国家公园保护发展带森林资源保护联动工作机制的意见》，围绕"防森林火灾、防盗砍滥伐、防松材线虫病、精准提升森林质量"4 项重点工作，与武夷山国家公园、环武夷山国家公园保护发展带 4 个县（市、区）及其相关乡镇（街道）建立联席会议、联动联防巡护、智慧管理合作、项目建设、督导考核评价、宣传引导 6 项工作机制，全力保障武夷山国家公园生态安全。

3. 完善生态保护工作机制。围绕"治、防、改，检、封、罚"松材线虫病防控工作思路，聚焦环武夷山国家公园、"两高"（高铁、高速）沿线、国省干道等重点区域，建立"三查三导向"和定期通报机制，2021 年攻坚战期间，及时清理枯死松树，结合森林质量精准提升、重点区域林相改善等重大造林项目，有效提升森林防御松材线虫病能力，实现标本兼治。

（三）探索"两山转换"新路径，让林长制"创绿"有质

以林长制为抓手，持续拓展"两山"转化路径，实现"生态优势"向"发展优势"转变。

1. 着力推广"森林生态银行"。坚持以"分散式输入、规模化整合、专业化经营、持续性变现"为核心，在持续推进"森林生态银行"的基础上，全面推广"一村一平台、一户一股权、一年一分红、一县一数库"林业股份合作经营机制。此机制于 2021 年在南平市已推广 8.79 万亩，效益较林农个体经营可提高 30%~50%。

2. 着力做强竹产业。立足毛竹林资源占全国 1/10 的资源优势，扎实推进竹山规模化、机械化经营，不断提高生态效益。创新推出"竹塑贷""竹林认证贷""笋益贷"等林业绿色金融产品，促进企业扩规模、提效益。2021 年，南平市竹产业总产值 400.9 亿元，位居全省第一。

3. 着力发展林下经济。依托丰富的林下资源，大力推广"前端有科技特派员技术团队研究、中端有金融产品支撑服务、后端有专业公司加工经营"的经验做法，加快推动林下经济产品市场化运营步伐，重点发展林下中药材产业，实现"不砍树也致富"。南平市林下中药材种植品种达 28 种，面积10.36 万亩。光泽县承天农林七叶一枝花林下经济示范基地入选第五批国家林下经济示范基地名单。

（四）推进"提质增彩"新举措，让林长制"增绿"有策

牢记习近平总书记来闽考察时强调"让绿水青山永远成为福建的骄傲"的殷切嘱托，突出项目带动，实现了"管绿护绿"向"绿上加绿"转变。

1. 全面提升森林质量。扎实推进国家储备林质量精准提升工程项目，实施"改单一针叶林为针阔混交林、改单层林为复层异龄林、改常绿用材林为常绿彩叶花化'镶嵌'多功能景观林"技术措施，累计完成集约人工林栽培17 万亩、现有林改培 84.13 万亩，进一步优化树种结构，提高森林质量和生态功能。

闽江河口湿地（黄海 摄）

2. 全面实施林相规模化、花化、彩化、果化行动。在全面完成省下达造林绿化任务的基础上，重点在"两高"、国省干道等重点区位"一重山"林地实施林相规模化、花化、彩化、果化改造提升行动，累计完成改造提升 69 处、面积 1.49 万亩，种植花化、彩化、果化树种 69.4 万株。

3. 全面推进大规模国土绿化。成功策划环武夷山国家公园保护发展带国土绿化试点示范项目、闽西北山地丘陵生物多样性保护项目，共争取到中央、省级林业项目资金 7.52 亿元，为大规模推进国土绿化提供了有力保障。

三、取得成效

通过全面推行林长制，南平市构建"责任明确、协调有序、监管严格、运行高效"的生态保护发展机制，有效实现生态保护、绿色发展、民生改善相统一。一是生态本底不断夯实。南平市森林覆盖率达 78.89%，比全省 66.8% 高出 12.09 个百分点；森林蓄积量达 1.93 亿立方米，位居全省第一；境内武夷山国家公园正式确立为全国首批五个国家公园之一；全市空气质量连续 7 年位居全省第一，$PM_{2.5}$ 浓度优于欧盟标准，空气中负氧离子含量最高达每立方厘米 13.8 万个；3 条主要水系水质状况全优。二是深化林业改革

漳江口红树林国家级自然保护区（黄海 摄）

成为全国典型。2021 年，南平市被列为全国林业改革发展综合试点市，"森林生态银行"做法入选国家林草局"林业改革发展典型案例"，并荣获"保尔森可持续发展奖自然守护类别"年度大奖。《福建省南平市：创新推进武夷山国家公园保护建设》改革案例获评"中国改

石漠化治理成效（陶德斌 摄）

革 2021 年度地方全面深化改革典型案例"。三是林业产业蓬勃发展。"中国竹产业协会竹家居与装饰分会""中国竹工机械产业基地""全国竹产业高质量发展示范市"相继落户，南平竹产业、林下经济等产业高质量发展步伐加快。2021 年，南平市林业总产值突破千亿元，其中竹产业产值达 400.9 亿元，位居全省第一。

案例四　湖北省十堰市林长制"落地生根"

一、基本情况

十堰市牢固树立生态优先、绿色发展理念，按照山水林田湖草沙系统治理要求，始终把生态作为十堰最大的功能、最大的价值、最大的责任，作为秦巴生物多样性功能区和南水北调中线工程核心水源区和纯调水区，以及国家汉江生态经济带战略的核心版块，2021 年以来，十堰市以林长制为统领，科学推进国土绿化，依法严管森林资源，积极探索"两山"转化，生态文明不断繁荣，多项重点工作走在湖北省前列。先后荣获"国家森林城市""国家生态文明建设示范市""国家'两山'实践创新基地""全国文明城市"等荣誉称号。

二、主要做法

（一）林长履职尽责，健全工作制度

1. 领导重视，高位推进。2021 年 10 月，印发《十堰市全面推行林长制实施方案》，明确市级林长 14 名，确定 26 个市级林长制协作部门，13 个市级林长联系单位。全市共设立市、县、乡、村四级林长共 5405 人。市委、市政府多次召开常委会、常务会、林长制专题会，研究部署推进林长制工作。印发《十堰市林长巡林工作办法（试行）》，规范林长巡林活动。2022 年 2 月，

丹江口库区湿地保护成效（曾杰　摄）

市级总林长签发《十堰市第 1 号林长令》，加快林长制常态化运转，抓好林业重点工作。

2. 组织协调解决责任区域的重点、难点问题。县级独立设置林业机构，实现全市十个县（市、区）林业机构全域覆盖，有效增强林业部门治理能力。加强市县林长办建设，房县率先在全市成立了县级林长制常设机构，设立林长制服务中心，负责林长制具体工作，之后，竹山县、郧西县相继成立林长制服务中心。林长巡林切实解决实际问题，在市级林长带动下，各级林长认真履责，扎实开展巡林，全市 5405 名林长共巡林 43600 人次，其中市级林长巡林 31 人次、县级林长巡林 515 人次、乡镇级林长巡林 10196 人次、村级林长巡林 32858 人次，解决重点、难点问题 215 个。

3. 健全工作制度。市林长办负责日常工作，印发《十堰市林长会议制度》《十堰市林长制信息公开制度》《十堰市林长制部门协作制度》《十堰市林长制督查考核制度》《十堰市林长巡林工作办法》5 项制度，成立 4 个工作专班。充分发挥综合协调作用，制定林长制工作计划，起草林长制考核方案。召开林长制会议，制订林长制工作流程图；向 13 个市级林长联系单位印发提醒函，提醒市级林长开展巡林，调研督导各地林长制工作落实情况；规范设立林长公示牌 1705 块，印发林长制工作简报 4 期，制作林长巡查记录表，每半个月向省林长办报送林长制工作进展。

（二）强化森林资源保护管理

1. 强化组织保障。主要负责同志和分管领导亲自部署，成立森林督查问题整改工作领导小组，抽调精干技术力量，组建工作专班。

2. 落实工作责任。周密部署，制定方案，明确领导、明确单位、明确技术人员、明确完成时限，推动线索排查、疑似图斑现地核查、数据更新、成果上报和案件查处、问题整改等各项工作任务落地。集中精力和集中时间，统筹安排，确保按时完成任务。

3. 不定期开展检查督办。对进度滞后、整改不力的及造成严重后果的，进行追责问责，制作《十堰市森林督查暨森林资源管理"一张图"年度更新工作专报》，按时向省林业局报送工作进度。2019 年，下达森林督查图斑总数 2195 个，发现问题图斑总数 562 个；2020 年，下达森林督查图斑总数 2004 个，发现问题图斑总数 115 个；2021 年，下达森林督查图斑总数 1946 个，发现问题图斑总数 70 个，其中，林地问题 53 个，林木采伐问题 17 个，涉及林地 9.93 公顷，林木 83 立方米，违法问题逐年下降。

4. 加强护林员管理。各县（市、区）均已完成生态护林员选聘工作，约 15100 名生态护林员补助资金已全部兑现到位。

（三）防控森林火灾、有害生物灾害成效明显

1. 筑牢森林火灾防线。积极落实森林防火"人防、技防、物防"有关要求，制定《十堰市森林火灾应急预案（试行）》等文件，强化重点防火期领导带班和 24 小时值班制度，开展重点防火期森林防火专项督查，压实森林防火责任；组织参加全省防火技能竞赛。落实森林防火"五有"（有领导小组，有片区责任人，有信息员，有应急小分队，重点区域有防火警示标志）要求，全市发生森林火灾 13 起，受害面积 15.67 公顷，受害率 0.009‰，远低于 0.9‰。

2. 筑牢有害生物防线。严格落实市委、市政府关于做好林业重大有害生物防治工作的重要批示和相关会议精神，以"积极预防"为前提健全动态监测体系，以"三个干净"为目标开展科学除治，以"联防联治"为重点强化区域协作，以"生态工程"为抓手推进疫后重建。松材线虫病除治工作实现病死木数量、发生面积、疫点乡镇"三下降"目标，在全省 2021 年度松材线虫病防治中期评估中获得第三名。

3. 森林灾害防治成效明显。全市森林病虫害发生面积 7.152 万公顷，成灾面积 3120 公顷，成灾率 1.64‰（不含松材线虫病），防治面积 6.788 万公顷，其中，无公害防治面积 5.89267 万公顷，无公害防治率 86.81%。全市共完成监测任务 422.6713 万公顷，占应施监测面积的 99.03%，完成省下达监测指标

国家一级重点保护野生动物东方白鹳（黄伟 摄）　　　国家一级重点保护野生动物白头鹤（黄伟 摄）

任务。无公害防治率、成灾率均控制在省下达目标之内。其中，松材线虫病发生面积 20.08 万公顷，完成除治面积 21.41 万公顷，处置病枯死松木 49.78 万株，松材线虫病发生面积、死亡松树数量比 2020 年分别下降 6.21%、9.97%，疫点乡镇无增加。发生松毛虫危害 0.64 万公顷，防治 0.63 万公顷。

国家一级重点保护野生动物中华秋沙鸭（黄伟　摄）

（四）全面提升林业治理能力

1. 整合配强执法队伍。继续推进林业工作站标准化建设。组建市林业综合执法支队，理顺森林公安转隶后的林业执法体系，为提高执法效能提供有力的组织保障。

2. 加大标准化林业工作站建设的支持力度，建设窗口式服务台。房县土城林业工作站、竹溪县县河林业工作站、竹山县溢水林业工作站 3 个林业工作站已通过省级验收。挂牌成立湖北省木本油料（十堰）研究院。聘请专家团队，编制《十堰市木本油料产业发展规划（2021—2025 年）》，搭建科技体系，开展引种选育、示范推广等工作。持续推进"一中心四平台"建设，31 个国有林场实施森林防火基础设施及视频监控系统建设。十堰市生物多样性科普馆、森林防火训练营、野生动物救护站建成投入使用。

三、取得成效

各级林长主动巡林履职，解决松材线虫病防治工作经费、"玄岳大道"沿线林相季相改造、黄龙林场道路硬化、国有牛头山林场和黄龙林场信号基站建设、森林督查整改等一大批重点难点问题，有效保护森林资源。根据湖北省森林资源动态监测，2021 年，全市森林覆盖率增长 0.36%，森林蓄积量增长 3.35%，两项指标增长值位列湖北省第一。通过积极服务全市"经济倍增"目标和乡村振兴战略，拓宽"两山"转化路径，大力推进木本油料、竹林、森林康养等产业建设。全市新建各类产业基地 0.867 万公顷，超出年度任务 30%。全面启动森林康养产业建设，联合文旅部门编制了全市森林康养三年行动方案、基地评定办法（试行）等文件，开展森林康养试点认定。十堰市被中国林业产业联合会评为 2021 年国家级全域森林康养试点建设市，武

南山国家公园（南山国家公园管理局 供图）

华南五针松群落（新宁舜皇山保护区 供图）

当山旅游经济特区武当山·鲁家寨森林康养基地、郧阳区鑫榄源森林康养基地、茅箭区东沟景区森林康养基地入选 2021 年国家级森林康养试点建设基地名单。十堰市林长制工作促进林业高质量发展取得新成效。

案例五　湖南省浏阳市做实"三篇文章"，打造林长制工作的"浏阳样板"

一、基本情况

浏阳市是湖南省重点林区县（市），林地面积 517 万亩，森林覆盖率达 66.2%。2021 年以来，浏阳紧盯"在长沙当标杆、在全省做示范、在全国争先进"工作目标，推动林长制从"全面建立"向"全面见效"转变，成功申办创立全国"绿水青山就是金山银山"实践创新基地，获评国务院林长制激励。

二、主要做法

（一）聚焦责任落实，做实网格建设文章

1. 机构健全。成立由 27 个市直单位为成员的市级林长制工作委员会，组建市林长制工作事务中心，32 个乡镇（街道）均成立了林长办，形成部门协同、资源整合的新型治理结构。

2. 制度完善。全市林地划分为 512 个管护网格，为每个网格配备"一长三员"，建立联席会议、部门协作机制，出台 1 个实施方案、14 个配套制度，用制度保障责任落地、运转有序。

3. 队伍建强。设置三级林长 1066 名，镇、村两级配备监管员、执法员、专职护林员 1326 名，组建 1 支县级森林消防特勤大队、33 支乡级森林消防大队，297 个林区村均建立 10 人以上村级义务扑火队伍，构建湖南省唯一、全国领先的森林防灭火"30 分钟应急救援圈"。

4. 责任压实。建立工作督办函、森林湿地资源清单、林长工作提示单和问题清单"一函三单"工作机制，实行绩效考核、领导干部离任审计、市委督查巡察"三个纳入"，倒逼责任落实。

（二）聚焦资源管护，做实生态保护文章

1. 推动系统治理。出台《涉林违法图斑"双零"创建实施方案》，在全国率先创建涉林违法图斑存量清零、增量为零的"双零"目标。推动"林长制"与"党员微网格＋五个到户"相结合，将 3.2 万名微网格长纳入林长制体系，担任志愿护林员、宣传员，打通"最后一步路"。

2. 抓好生态修复。科学编制《林业生态与修复规划》，统筹推进林业生态修复工程，不断加强石漠化、水土流失、湿地修复等综合治理，持续扩大生态空间和生态容量。

3. 强化人才支撑。加强与中南林业科技大学、国家林草局中南调查规划院等单位合作，邀请多名农林高校专家现场开展技术服务，持续开展驻村科技特派员活动，为促进林业增效、科学护林提供有力的人才支撑。

（三）聚焦打通堵点，做实改革创新文章

1. 打造智慧林业平台。在全省率先开发启用"一库五系统"智慧林业信息平台，配备 42 架无人机，实现无人机巡林全覆盖。其中，林长制巡护系统将涉林问题收集、巡护轨迹记录、人员考核管理全面整合，构建林长、林长办、生态护林员之间的信息渠道。支持有条件的乡镇（街道）借助人工智能技术，建成全省首个乡级智慧林火监测预警平台及"人机"结合防灭火体系，实现森林资源管护方式向智能化升级。

2. 织密监管执法网络。聚焦基层职能定位，设立由市林业局垂直管理的 4 个中心林业工作站，选优配强工作人员 52 名，每个乡镇（街道）选派 1 名督导联络员，将林业管理触角前移到基层一线。持续开展挂牌督办、打击毁林和盗伐滥伐林木等专项行动，构建横向到边、纵向到底的林草治理体系。

3. 持续助力乡村振兴。大力推动林业金融创新、林地规模经营等林业重点领域改革，全力打造"两山"实践创新基地，持续推进油茶、花卉苗木、家居产业和森林康养、森林民宿、森林山地运动等旅游新业态发展，成立全省首家企业双碳研究院，组建双碳金融项目库，培育碳中和林 20 余万亩。

三、取得成效

浏阳市致力于打造林长制工作"浏阳样板"，森林资源管护力度、产业质效显著提升。2021 年，涉林违法图斑个数、面积同比下降 80%、81%，历史性森林违法图斑全面清零销号，2021 年以来违法图斑零新增，未发生较大以上森林火灾，染疫枯死松木降幅高达 20%。全市现有油茶林 78 万亩，年综合产值达 47 亿元，油茶籽产量位居全省前三。全市花木种植面积 17.8 万亩，带动从业人员 10 万余人，年综合产值达 87 亿元。全市拥有国家级林下经济

华南五针松（喻勋林 供图）｜浏阳市森林抚育（湖南省林业局 供图）

张家界国家森林公园（张勇 供图）

示范基地、合作社 4 家，林下经济实体 306 家，规模效益超过 40 亿元。2021
年，浏阳市实现各类林业产业综合产值 210.8 亿元，正在向 2025 年突破 300
亿元目标迈进。丰富的森林资源、兴旺的林业产业正成为浏阳人民的"幸福
不动产、绿色提款机"。

案例六　辽宁省桓仁满族自治县聚焦制度体系建设，强化资源保护

一、基本情况

桓仁满族自治县地处辽宁省东部山区，是辽东绿色屏障和辽宁省重要水
源地。全县林业用地面积 291910 公顷，森林蓄积量 2872 万立方米，森林覆
盖率 78.94%，位居辽宁省首位，境内分布有低等、高等植物 243 科 2081 种。
桓仁满族自治县作为辽宁省林长制试点县，科学制定林长制制度体系，完善
目标职责，实现护林员网格化管理。

二、主要做法

（一）林长制体系运行稳定

1. 林长履职尽责。2020 年 9 月，制定工作方案，完善林长责任体系建设，
建成县、乡（镇）、村三级林长体系并设有区域林长，全县设立各级林长 190
人，其中，县级林长 8 人，乡（镇）级林长 67 人，村级林长 104 人，老秃顶
子保护区、国有林场等区域林长 11 人。落实保护发展森林资源目标责任制，

枫林谷——丹枫醉秋（李光 摄）

与各乡（镇）签订天然林保护目标责任书，投资 144.4 万元，在全县 103 个村设置 336 块林长制公示牌。加强森林资源保护发展计划，强化森林经营管理，制定国有林场森林经营方案，提高森林质量和生态系统稳定性。各级林长开展巡林工作，组织协调解决责任区域重点、难点问题，乡级林长每月巡林 1 次，村级林长每周巡林 1 次，市级林长定期到桓仁满族自治县开展巡林工作，并协调解决重点问题。

2. 制度建立及运行稳定。全县共制定印发信息公开、林长会议、考核、督查、督办、巡林及县级林长办工作 7 项工作制度，13 个乡（镇）均结合实际制订具体实施方案。开展工作督查，制定林长制工作考核方案，实行区域网格管理及考评，全县共划分区域网格 590 个，通过生态护林员每日覆盖区域内全部打卡点，巡护时长不低于 1 小时，巡护里程不少于 2 公里，保证有效巡护，运用便捷的网格化监督考核方式，实行生态护林员在线巡护轨迹和定位管理，生态护林员责任意识明显增强，巡护率由 76.8% 提升至 98.9%，林业案件发生率显著下降，2021 年，共发生林业案件 313 起，同比下降 31.6%。

（二）国土绿化目标完成

以自然修复为主，人工促进修复为辅，圆满完成退化林修复 133 公顷并实现落地上图，通过省林业和草原局检查验收，核实率、合格率均达 100%。

（三）资源保护管理规范

1. 建立健全森林资源监管机制，全面保护天然林资源，认真核实 2021 年度国家森林督查下发遥感判读图斑 355 个，抽调技术人员进行现场核实，

枫林谷——西枫口（李光 摄）

枫林谷——十八罗汉古树林（李光 摄）

区划出图斑（细斑）437个，逐个录入国家森林资源智慧管理平台。2021年，森林督查违法图斑20个，同比下降35.4%。

2. 加强资源管理，开展林草生态综合监测评价，通过遥感影像判读结合外业现地调查的方式，核实图斑57013个，面积2.02万公顷，实现森林资源管理"一张图"数据与国土"三调"数据对接融合。

3. 做好森林经营管理，森林总量持续增长，森林质量明显提高。从2011年开始，实施中央财政森林抚育项目，完成4.712万公顷，发放惠农资金7068万元。持续推进全国森林经营试点县建设，完成461.33公顷。开展"辽东山区典型退化次生林生态修复技术研究"项目，采用5种修复模式，提高了退化次生林分生长速度，促进了森林正向演替。

（四）自然保护地体系建设管理效果明显

1. 加强保护工作。全县共6处自然保护地，实现网格化管理全覆盖，安装远程视频监控设备280余个点位。联合多部门开展森林资源督查、绿盾行动，连续多年未发生违法建设项目及森林火灾。

2. 有效推进自然保护地整合优化工作。有效解决自然保护地历史遗留问题，从最初的管理混乱转变为精细管理。

3. 做好自然保护地确权调整工作。准确统计自然保护地区域面积，确保国有资源不流失。有效落实各项监管与保护措施，自然保护地各类资源得到有效保护。

（五）野生动植物保护工作得到强化

1. 加强对国家确定的98种专项拯救野生动植物物种的保护管理，重点是中华秋沙鸭、东北红豆杉及双蕊兰。安装监控设备，加强中华秋沙鸭迁徙停歇地巡护，利用林长制平台实时监测。老秃顶子自然保护区开展东北红豆杉野外种群恢复工作，做好独有种世界孑遗植物双蕊兰的生境保护，从最初的9株发展到如今的175株。二户来国有林场建设了桓仁满族自治县极小种群野生植物保护项目。

2. 加强野生动物致害防控工作。近年来，投资150余万元在危害较重的区域设置围栏45公里，有效减轻了野猪对农作物的危害。争取中央资金100万元，组织实施桓仁原麝、黑熊等野生动物调查与致害防控项目。

（六）森林草原灾害防控工作取得实效

1. 森林防火实行网格化管理，春季防火组建40人专业扑火队伍，各林业站、林场组建 20 支共 200 人的半专业扑火队伍，靠前驻扎、集中备勤，在森林火灾高发期，实现了"零火情"。

2. 科学开展林业有害生物防治，通过物理防治、化学防治相结合的方式有效抑制各类病虫害大面积暴发。强化木材检疫，加大监测普查力度，全力防控松材线虫病疫情，在县周边均有疫情暴发的严峻态势下，实现了"零疫情"。

（七）乡镇林业站能力建设得到提升

全县 13 个乡镇均设立林业工作站，自 2010 年以来相继建成国家级标准化林业站，配备专用防火车辆和扑火设备。每年组织相关部门对乡镇林业站人员、监管员、村级技术人员进行业务培训，提高经营管理水平。制定集体护林员管理办法，强化绩效考评工作。

三、取得成效

自全面推行林长制以来，全县扎实开展国土绿化，强化资源保护管理，持续加强自然保护地管理，高质量推进自然保护地整合优化工作，开展毁坏林地专项行动，督查发现问题数量逐年下降，完成极小种群野生植物保护项目建设。组建森林消防救援队，做好森林防火工作，火灾受害率为零。加强有害生物检疫，做好春秋两防，针对松材线虫病等开展专项行动，全县林业有害生物成灾率为零。投资 171.6 万元建设林长制智慧管理平台，具体包括后台管理系统、林长通 App、大屏等，涉及自然保护地、天然林保护、野生动物监测、森林防火监测、森林资源管护等 15 个业务模块，实现移动巡林管护、巡护轨迹记录、事件上报、护林员考核评估、实时监测等功能。通过推行林长制，进一步增强了党政领导干部抓好生态文明建设的主动性，明显提升了管林护林的积极性，使全县生态保护氛围更加浓厚。

案例七　重庆市云阳县推动林长制工作取得明显成效

一、基本情况

云阳县地处重庆市东北部、三峡库区腹心，是三峡库区生态屏障大县，是长江经济带和成渝地区双城经济圈重要节点。云阳县深入贯彻落实习近平生态文明思想，积极践行绿水青山就是金山银山理念，突出生态保护修复，全力做好"种好林、管好林、用好林"三篇文章，推动林长制工作取得明显成效。截至 2021 年年底，全县林地面积 25.153 万公顷，森林面积 21.267 万公顷，森林覆盖率 58.5%，森林活立木蓄积量 2480 万立方米，先后获得"中国油桐之乡""全国林业系统先进集体""全国绿化先进集体""保护森林和野生动植物资源先进集体""全国生态建设突出贡献先进集体"等荣誉称号。林长制工作荣获 2021 年国务院督查激励。

二、主要做法

（一）建立林长制组织、责任、制度体系

全面推行林长制以来，按照边推进、边总结、边完善的原则，建立健全林长制组织体系。

1. 健全组织体系。建立"三级林长＋网格护林员"责任体系，设县级林长、乡镇（街道）级林长、村（社区）级林长。县级总林长由县委、县政府主要领导担任，为全县林长制工作的第一责任人；县级林长由市管领导干部担任；乡镇（街道）级林长由乡镇（街道）党政主要领导担任，为本辖区林

重庆市云阳县城区滨江生态隔离林带（周明 摄）｜重庆市云阳县龙缸国家地质公园（向智银 摄）
重庆市云阳县四十八槽市级森林公园（张朝中 摄）｜重庆市云阳县森林人家（周光明 摄）

重庆市云阳县乡村柑橘产业（王晓勇 摄）　　　重庆市云阳县双龙镇白鹭栖息地（向智银 摄）

长制第一责任人，承担辖区管理责任；村（社区）级林长由村（社区）党组织书记担任，为所在村（社区）林长制第一责任人；生态护林员包括天保护林员、公益岗位护林员等。截至 2021 年年底，共设立县级林长 30 名，乡镇级林长 462 名，村级林长 458 名，组建 2431 名网格护林员队伍。

2. 明确责任体系。县委常委会、县政府常务会定期研究部署林长制工作，各级林长认真履行职责，县总林长坚持带头巡林，亲临现场调研解决林草重点、难点问题。县林长办加强综合统筹协调，定期向总林长报告工作，督促指导各项重点工作落实到位。

3. 完善制度体系。制定了全面推行林长制的实施方案，建立健全了林长联席会议、林长巡林、信息公开、部门协作、工作督查等配套制度。

4. 探索考核体系。积极探索建立山林资源保护发展指标量化、考核公开、评价客观的绩效考核评价机制，考核结果作为党政领导班子和有关领导干部综合考核评价的重要依据，对工作突出、成效明显的乡镇予以通报表扬，对工作不力的乡镇责成限期整改，对造成山林资源严重破坏的，严格按照有关规定追究责任。全县 367.26 万亩林地资源管护责任实现全覆盖，做到"山有人巡、树有人护、责有人担"。

（二）"林长＋"工作机制走深走实

1. 实行"林长＋警长"制。按照"策应林长、属地管辖、分级设立、逐级负责"的原则，将全县划分为 42 个责任区域，每个责任区域配备一名警长，加强协调联系，认真履行职责，实行问题整治清单管理，建立"接、转、办、督、核"问题整治工作闭环，充分发挥林业警长打击涉林违法行为的职能优势，严厉打击破坏山林资源违法犯罪行为。确保林业警长制有效落地。

2. 实行"林长＋检察长"制。通过联席会议、日常联络、双向咨询、信息报送、情况通报、专项检查等方式联合处置破坏森林资源及野生动植物资源的刑事案件和公益诉讼案件 6 件。由县检察院和县林业局牵头在云阳县数智森林小镇的伍家坡设立"云阳县生态修复公益林"基地，面积 12.5 亩，由违法人亲自栽种，既让违法人受到警示教育，又使生态得到有效恢复。

3. 实行"林长+驻村（社区）干部"制。全县 445 个涉林行政村（社区）的驻村（社区）干部，逐一签订辖区山林资源管护责任书，将林长制工作和乡村振兴工作同部署、同落实、同检查、同考核，实现了森林面积、森林蓄积量、林业经济"三增长"，森林火灾、森林病虫害、山林资源侵占"三下降"工作目标。

（三）"智慧林业"建设高质高标

启动全县森林防火智能监控项目建设，建成江南林场林火智能监控系统，将移动网络、云计算、大数据等信息技术与天然林巡护管理深度融合，建成天保工程护林管理信息服务平台，将管理人员和生态护林员纳入统一管理，有效保护天然林资源，实现"管人、管事、管资源、管成效"工作闭环。

（四）专项行动有声有色

针对重点、难点问题，先后开展"网剑行动""清风行动""毁林专项行动"，发现问题线索 415 个，有效遏制涉林违法行为。开展森林资源乱侵占、乱搭建、乱采挖、乱捕食等"四乱"突出问题专项整治行动，采取"分组分班、到位到点、一点一查、疑点会审、查改同步、逐点整改"六步工作法，整治"四乱"问题 32 个。

（五）社会监督有力有效

通过公布举报电话、微信公众号等方式，发动群众举报各类破坏山林资源违法违规行为。充分运用报刊、广播电视、网络及新媒体，引导广大群众守法和监督。将林长制工作列入人大工作监督和法律监督、政协民主监督事项，开展专题调研、视察，依法履职监督。

三、取得成效

（一）坚持因山制宜、因村制宜，引导群众发展特色经济林，加快柑橘、花椒、中药材、油茶等特色经济林发展，建设"山上粮仓""山上油库""山上果盘"，经济林面积占比在 18% 以上；发展高效林下经济 2 万亩，新建菌类、中药材等林下高效种植养殖示范基地、示范点 10 处，新增培育林业市场主体 12 个，放大林产业综合效益。2021 年，全县林业总产值达 30.06 亿元，同比增长 17.2%。

（二）与市林科院签订技术支撑协议，开展特色经济林管理、林下经济产业建设、森林资源高质量管理等方面培训 20 余次，达 2000 余人次，有效解决广大林农不愿管、不会管的问题。

（三）落实森林生态效益直补面积 253.45 万亩，补助资金 3187.5 万元，覆盖 20.3 万户，户均增收 149 元。兑现退耕还林直补资金 4018 万元，覆盖 24 万余户，户均增收 167 元。推行"工程造林＋村护林队＋村民公益岗"模式，向脱贫人口、易返贫致贫监测对象和其他低收入人口新增农村护林公益岗位 1237 个，实现群众增收 2200 余万元。

（四）开展全民所有自然资源资产所有权委托代理工作，启动森林资源调查，为实现碳达峰、碳中和目标提供基础数据支撑，国家储备林收储第一期完成 1.1 万亩，年底将完成 6 万亩收储任务，积极为乡村振兴奉献林业力量。

案例八　新疆温宿县精准施策助力林长制

一、基本情况

温宿县是一个以农为主、农牧结合的半农半牧边境县，森林总面积 15.4830 万公顷，其中，乔木林 2.1875 万公顷，灌木林 5.7809 万公顷，果园 7.5146 万公顷。构筑集生态林、经济林于一体的"绿色长城"，铸就"自力更生、团结奋斗、艰苦创业、无私奉献"的柯柯牙精神，柯柯牙工程成为全国荒漠绿化的典范，先后被联合国环境资源保护委员会列为"全球 500 佳境"之一。自全面推行林长制以来，温宿县委、县人民政府超前谋划、统筹部署、全力推进林长制工作，各级林长各司其职、各负其责。

二、主要做法

（一）强化组织体系，压实领导责任

成立以县委、县人民政府主要领导为双组长、分管领导为副组长、县直相关部门主要领导为成员的林长制领导小组，下设办公室，配备 4 名专干，为林长制全面推行提供坚实保障。构建县、乡、村三级林长组织体系，共设立三级林长 344 名，更新公示牌 60 块，开展林长巡林工作 2815 次，其中，

县级林长巡林 7 次、乡级林长巡林 117 次、村级林长巡林 2691 次，共解决林区管护、病虫害防治、野生动物保护、森林安全防火等资源领域管护问题 46 条，进一步压实了各乡镇党委和政府保护发展森林草原资源的主体责任，构建起党政同责、属地负责、部门协同、源头治理、全域覆盖的长效机制。依托生态护林员管护体系，优先从老党员、老村干部等人群中选聘担任森林保护片长、绿化管护段长、古树名木树长，实现资源网格化管理。

（二）优化监管体系，落实包联责任

全面划定责任片区，按照县、乡、村三级包联任务，划分 12 块责任片区，森林资源实施分类管护，实行"一长一档""一林一档"，实现资源管理全覆盖。加大依法治绿力度。强化"林长＋检察长"联动机制，实现行政执法与检察监督有机衔接，开展打击毁林专项行动、野生动物"清风行动"等系列专项执法活动 3 场，保持对涉林违法犯罪活动高压态势。紧盯包联实际成效。坚持日常督导常态化，把问题整改成效作为检验包联成果的标准，敦促各级林长严格按照巡林要求对责任区域及时巡查，梳理巡林工作清单，逐项对标及时销号，推动各乡（镇）评先树优，确保包联责任落实落细。

（三）净化法治体系，落实守护责任

强化审查力度把好"关口"。建设项目征占用林地草地审核审批工作中，主动作为、靠前服务，建立健全部门对接常态机制，切实严把审批关口，从源

温宿县托木尔大峡谷风景名胜区（黄海凌 摄）

温宿县托木尔大峡谷风景名胜区（于江 摄）

头上有效制止了未批先建、边批边建等涉林违法行为。加大林木保护，守好"阵地"。严格落实林木采伐限额管理，坚持凭证采伐、限额采伐，年度办理采伐证 413 份、蓄积量 1.6 万立方米，采伐量有效控制在限额指标范围内。多维打造法治舆论阵地。利用政府网站、微信公众号、宣传橱窗等媒介，多渠道开展林长制宣传教育，实时在国家级网络公众号刊发经验类信息 5 篇、自治区级 15 篇、地区级 17 篇，为全面推进林长制贡献"温宿智慧"。

三、取得成效

（一）国土绿化造林取得显著成效

温宿县将林长制作为统筹山水林田湖草沙系统治理的重大决策部署，2021 年，完成造林 606.69 公顷，占年度造林计划的 101.11%，年度造林完成任务落地上图面积 1767 公顷；大力实施草原生态修复治理，圆满完成草原改

良面积 1.33 万公顷（其中，草原补播改良 0.13 万公顷、虫害防治 1.13 万公顷、鼠害防治 0.067 万公顷），为推动国土绿化事业提供良好生态保障。

（二）森林资源保护迈出坚实步伐

积极落实国家森林督查任务，逐一对 2021 年度推送的疑似图斑开展现地调查核实、依法查处整改等工作，依法查办违法图斑并予行政立案 1 起，同比减少 50%，未发生中央部门督查检查出现的破坏森林、草原、湿地情况，全面彰显林草主管部门依法治林的履职担当。

（三）自然保护地建设获重大进展

温宿县托木尔大峡谷风景名胜区、盐丘国家地质公园、天山神木园森林公园等 7 处自然保护地，由旱让保护区（胡杨林）保护中心、资源执法办等机构负责常态化监管，配有专职工作人员 12 名、兼职巡护管护人员 60 余名，实现自然保护地体系监管全覆盖。《温宿盐丘国家地质公园规划（2021—2035

温宿县托木尔大峡谷风景名胜区（李涛 摄）

温宿县托木尔大峡谷风景名胜区（李涛 摄）

年）》于 2021 年 11 月完成编制并批复；天山神木园森林公园（风景名胜区）、托木尔大峡谷风景名胜区总体规划已初步编制完成待批复。

（四）野生动物保护取得明显进展

科学规划设置野生动物观察点 4 处、珍稀濒危动植物监测样地 10 处、巡护样线 20 余条，常态化开展巡护和检查 70 余次，强化非洲猪瘟疫情监测与防控。成功救护受伤、病危狐狸、红隼、猫头鹰等野生动物 15 头（只），野生动物保护工作推进有序。

（五）森林草原灾害防控扎实稳步

推进"打防管控"体系建设，采取技能素质培训、作战能力提升、隐患排查整改等举措，实现森林草原火灾零发生；强化林业有害生物防治，全面落实病虫害综合防控技术，林业有害生物成灾率有效控制在 4‰ 以内；草原有害生物虫害成灾率 2.1%、鼠害成灾率 0.1%，灾害防控稳步推进。

（六）生态资源保护发展成果丰硕

一是生态工程效益卓著。温宿县历届领导班子一张蓝图绘到底、一年

温宿县托木尔大峡谷风景名胜区（周小强 摄）

接着一年干，大力实施退耕还林、重点防护林等生态工程，建成特色优质林果基地8.1余万公顷，创建国家认证绿色基地3.6万公顷，农民林果纯收入13679元，占比65%，林果业成为农民增收致富的"摇钱树""幸福果"。二是执法监督成效明显。依托法治型政府建设，积极梳理完善权责清单156项，制定《权力清单》《执法清单》等4项清单制度，配备执法车辆、记录仪、照相机、工作服等装备，涉嫌林草刑事案件移交实现了从无到有的突破，依法治林能力显著提升。三是基层履职能力有效夯实。组织县、乡、村林长制负责领导及专班人员、基层林草管护人员等，分批次、不定期开展森林资源业务技能实训6期，培训人员480人次，为推进林长制工作保驾护航。四是积极争创系列殊荣。柯柯牙工程得到习近平总书记点赞，中央电视台《新闻联播》头条报道温宿县荒漠绿化的丰硕成果。先后荣获"中国核桃之乡""全国特色种苗基地""国家级核桃示范基地""国家红枣生物产业基地""国家林下经济示范县""三北防护林体系建设工程先进集体""全国生态建设突出贡献先进集体""'绿水青山就是金山银山'实践创新基地"等系列殊荣。

第三节　其他基层工作机制创新

　　基层是林草资源保护与修复工作的源头，负责各项政策制度的具体执行，是林长制发挥预期效果的关键主体。中央《意见》强调要加强基层基础建设，并对基层建设的主要内容进行阐述，包括：充分发挥生态护林员等管护人员作用，实现网格化管理；加强乡镇林业（草原）工作站能力建设，强化对生态护林员等管护人员的培训和日常管理；建立市场化、多元化资金投入机制，完善森林草原资源生态保护修复财政扶持政策。在林长制推进过程中，激发改革创新活力，最大限度凝聚基层的智慧、人民的力量，才能让林长制工作更加精准对接发展所需、基层所盼。江西省、安徽省率先在全国探索林长制改革，建立以党政领导负责制为核心的保护发展森林资源责任体系，打造以"五个一"服务平台、林长制智慧管理平台、林长制实施规划等为特色的保障体系建设。各地基层林草主管部门围绕林长制工作机制创新，结合本地区实际情况，积极探索与实践，形成了"一长N员"、责任追究、资源保护、林地网格化管理、科技引领、夯实乡镇林业站建设、公众参与等方面的典型案例，为完善林长制提供了政策参考，为其他地区林长制运行提供有益借鉴。

案例一　安徽"五个一"服务平台织密生态安全网

　　为加快推进林长制"五个一"服务平台规范化建设，安徽省林长办（林业局）于2018年12月印发《关于全面建立林长制"五个一"服务平台的指导意见》，要求紧紧围绕林长制改革的主要任务，按照"一山一坡、一园一林、一区一域都有专员专管、责任到人"的要求，认真落实林业保护发展责任制，以各级林长责任区为落点，建立"一林一档"信息管理制度、"一林一策"目标规划制度、"一林一技"科技服务制度、"一林一警"执法保障制度、"一林一员"安全巡护制度，全面构建林长制"五个一"服务平台，切实为各级林长履行职责提供服务保障。

（一）"一林一档"信息管理制度

建立"一林一档"信息管理制度，即一个林长责任区建立一套林长信息档案和林长资源档案，是构建林长制"五个一"服务平台的重要基础，也是开展林长制考核评价的基本前提。

1. 实行"一长一档"。市、县、乡镇（街道）、村（社区）分别建立本级林长的信息档案，将每个林长的姓名、职务、日常联系方式以及林长责任区的具体位置、四至界限、面积、林地或湿地类型及权属等信息逐一登记建档；人事变动或者林长责任区范围调整时，及时更新相关信息。

2. 实行"一区一档"。市、县两级林长办通过开展实地调查，全面掌握各级林长责任区的森林、湿地资源现状信息，负责建立本级各林长责任区的资源信息档案，并指导和帮助乡村两级建立各林长责任区资源信息档案。

3. 逐级审核和汇总。市、县两级林长办负责审核汇总本地各林长的信息档案及其责任区资源档案，并对森林资源变化情况定期进行监测评价，及时更新相关信息；在上报"一林一档"信息时，对各级林长的责任区存在地域范围重叠或交叉的，要分别作出具体说明。

（二）"一林一策"目标规划制度

建立"一林一策"目标规划制度，即一个林长责任区编制一套科学的森林资源保护和经营方案，强化规划引领，科学编制和规范实施森林经营方案和湿地保护修复方案，切实保障各级林长科学决策和精准履责，充分发挥各级林长责任区的示范效应，统筹推进"五绿"任务，促进林业高质量发展。

1. 因地制宜、因林施策。以各林长责任区为落点，根据生态区位、自然条件、经济地理位置、林地经营水平和林木生长状况、湿地保护现状等情况，充分尊重林权人或林业经营者的意愿，科学确定主导利用方向和培育发展目标，按照林业分类经营制度，参照森林经营方案或者湿地保护修复方案的编制规范，编制"一林一策"目标规划方案，明确 2018—2025 年造林绿化、森林培育（包括森林抚育、退化林修复等）、湿地生态保护修复等目标任务和分年度实施计划，有针对性地采取经营管理和保护修复措施，精准落实技术支撑、要素保障和经营管理机制。

2. 示范带动、落到基层。市、县两级林长办率先编制本级各林长责任区的"一林一策"目标规划方案，示范带动基层，并加强对乡村两级的组织指导和技术支持。乡级林长责任区的目标规划方案，原则上由当地基层林业工作站负责编制；未设立林业工作站或技术力量不足的，由县级林长办统一组织编制。村级林长责任区目标规划方案原则上以村（社区）为单元统一组织编制。

3．全面覆盖、不重不漏。上级林长责任区包含有下级林长责任区的，以上级林长责任区为单元编制，下级林长责任区可不重复编制；下级林长责任区的范围与上级林长责任区有部分重叠的，只编制不重叠的区域。林长责任区为国有林场、自然保护区、森林公园、湿地公园、重要湿地等自然保护地，如已编制国有林场经营方案和自然保护区、森林公园、湿地公园等相关规划或方案的，可不再编制"一林一策"目标规划方案。

（三）建立"一林一技"科技服务制度

建立"一林一技"科技服务制度，即一个林长责任区配备一名林业科技人员，"一林一技"是推进科技兴林的重要支撑，也是加强林业科技队伍建设和实现林业高质量发展的客观要求。

1．全面动员、全员参与。组织引导全体林业科技人员投入林长制改革，根据林业科技人员的技术职务、专业特长、岗位特点等情况，按照人岗相适、责任到人的原则，确定每名林业科技人员直接联系服务一个林长责任区，或连片联系服务多个林长责任区，切实为各级林长履行职责当好参谋助手，为各类林业经营者提供科技服务。

2．明确责任、加强协作。市、县、乡三级林业科技人员要全力服务于本地林长制改革和林业发展，并负责直接联系服务本级林长责任区，主要承担或牵头开展林长责任区的资源调查监测评价、编制和指导实施规划设计方案、推广应用科技成果、技术咨询、技能培训、质量监督等工作，直接面向林农和新型林业经营主体开展科技服务。市县两级林长办要统一调配科技力量，引导和鼓励林业科技人员跨岗互助、跨区协作；林业科技力量不足的，可以申请上级林业主管部门支持。

3．定点服务、积极履责。林业科技人员直接联系服务林长责任区，可以采取长期进驻、短期蹲点、定期到点、适时应召赴点等灵活方式，开展科技服务，并建立联系服务登记制度。市、县两级林长办要加强对科技人员履责情况监督考核，并建立与科技人员技术职务评聘、年度考核、绩效工资挂钩的奖惩机制。

（四）建立"一林一警"执法保障制度

建立"一林一警"执法保障制度，即一个林长责任区配备一名责任警员，"一林一警"有利于建立完善具有林业特色、符合森林公安特点的现代警务和执法权力运行机制，有利于充分发挥森林公安队伍在生态保护中的关键作用。

1. 统一调配、责任到人。按照"一林一警"的要求，以市、县两级林长责任区为基点，将行政区域内所有森林和湿地资源分布区划分为若干个警务责任区，分别配备一名责任森林公安民警，实现执法监管责任全覆盖。县（市、区）林业主管部门和森林公安机关统筹配备责任森林公安民警；警力不足的，可协调地方公安机关民警担任责任民警；未设立森林公安机关的区，由所在市森林公安机关统一安排。对市级林长责任区和市级直属管理的林区，原则上由市森林公安机关统一安排责任森林公安民警。各级森林公安机关负责对所配备的责任森林公安民警履职尽责情况进行监督管理和评价考核。

2. 严肃执法、及时保障。责任森林公安民警主要承担以下职责：一是负责开展林业普法宣传，收集和掌握警务责任区内的森林、湿地和野生动植物资源保护管理状况和林区治安动态，加强与相关单位沟通协调，指导护林组织和护林员、防火宣传员、信息员开展生态保护和收集涉林违法信息等工作，维护林业资源安全和林区社会治安稳定；二是负责接受市、县两级林长和林长办交办的涉林案件线索，受理群众的举报和投诉，牵头做好承办、交办、转办工作，并逐一登记，对所交办、转办事项全程跟踪落实情况；三是负责按规定时限和程序报告林区治安状况和重要涉林案件查处情况，每半年向有关林长和同级林长办书面报告相关情况；对重大情况和紧急事项在第一时间报告。

（五）建立"一林一员"安全巡护制度

建立"一林一员"安全巡护制度，即一个林长责任区配备一名生态护林员，"一林一员"是构建林长制"五个一"服务平台的首道工序，是维护林业生态安全的群众性基础工作。

1. 实行网格化分区布局。与各级林长责任区相对应，按照山脊岭头、林带林网、河渠路网、民居村落等自然布局，综合考虑管护难易程度等因素，由乡村两级林长负责将本地所有森林和湿地等林业资源分布区域统一划分为若干个巡护责任区，统一组织选聘和配备生态护林员，全面落细落实日常巡护工作。

2. 坚持标准化公开选聘。按照统一标准、群众自愿、公开选聘的原则，实行县级指导、乡级组织、村选乡聘、村用村管，对每个林长责任区分别配备一名生态护林员，签订聘用合同，明确生态护林员的责任、义务和权利，建立管护责任制，实现林业生态安全巡护全覆盖。扶贫开发重点县可以结合面向建档立卡贫困人口选聘生态护林员和安排公益性岗位，统筹安排和落实"一林一员"。国有林场、自然保护区、森林公园、湿地公园和重要湿地等重点生态区域，由其管理机构配备安全巡护人员。

3．建立群众性护林组织。以"一林一员"为基础，分级建立群众性护林组织，即县级成立护林大队、乡级成立护林中队、村级成立护林小队，形成上下贯通的护林组织体系，并制定完善护林乡规民约，开展生态护林员法规政策教育和岗位技能培训，切实加强生态护林员队伍的组织领导和日常监管。

截至 2021 年 2 月，安徽省已建立"一林一档"林长信息和资源档案 47132 份，编制"一林一策"规划实施方案 20762 本（份），落实"一林一技"科技服务人员 6719 名、"一林一警"责任公安民警 4527 名、"一林一员"护林员 5.6 万余名。

"一林一档"全面摸清各级林长责任区的具体位置、四至界限、面积、林地权属等信息，明确了各级林长的责任区域，同时也使各级林长全面掌握责任区内的森林草原资源现状，成为林长制考核评价的依据。

"一林一策"坚持因地制宜，将生态系统维护、基础设施建设和区域产业发展融为一体，突出护绿、增绿、管绿、用绿、活绿五项重点任务，通过"护绿"抓保护、"增绿"优生态、"管绿"强监管、"用绿"兴产业、"活绿"增动力，持续推深做实林长制，推动各项重点工作落地落实。

"一林一技"切实提高服务针对性和时效性，使林业科技专家不断创新活动机制，积极开展林业前沿技术的研究，梳理和排查重点生态功能区保护发展过程中存在的问题和科技难题并提出专家建议，致力于实现林业科技与林长工作、科技服务与项目实施、组织开展活动与建立长效机制"三结合"，为林长制改革的推进提供有力科技支撑。

"一林一警"发挥了公安队伍在森林生态保护中的关键作用，有利于信息互通共享、形成合力，加大对涉林违法犯罪行为的打击力度，为创建平安林区，保障绿色高质量发展，促进绿水青山向"金山银山"的转化保驾护航。

"一林一员"压实护林员责任，建立巡护制度，做到护林区域全覆盖、护林时间全天候，实现了森林巡护全覆盖和网格化管理，落实落细日常巡护工作。

案例二　安徽省安庆市出台全国首个林长制规划

自 2017 年 11 月开展林长制试点工作以来，安庆市按照安徽省委、省人民政府部署，紧扣"林"这个主题，紧盯"长"这个关键，紧抓"制"这个落脚点，建立市、县、乡、村四级林长制体系，推动责任体系、经营体系和保障体系建设，创新实施"四大试点示范工程"，林长制试点工作取得明显成效。为持续推深做实林长制，精心谋划林长制改革顶层设计，周密部署生态建设与改革任务，压紧压实各级林长责任，考核林长制实施成效，安庆市委、市人民政府高位推动，编制了全国首个林长制规划。

（一）一期规划

2018 年 5 月，受安庆市委、市人民政府委托，国家林业和草原局调查规划设计院联合国家林业和草原局经济发展研究中心和中国林业科学研究院，会同安庆市林业局（林长办），成立了近百名技术人员组成的编制组，经深入调研、集中研究、广泛征求意见，历时 2 个多月编制完成了《安庆市林长制实施规划（2018—2020 年）（评审稿）》（以下简称《规划》）。2018 年 7 月 23 日，《规划》专家评审会在北京召开，与会专家一致认为，安庆市编制林长制实施规划属全国首创，对推动安庆市生态文明建设具有重大意义，为国家生态保护和建设提供了重要参考。《规划》按照"全域覆盖、网格管理、做实下沉、群众参与"的思路，明确建立健全林长制体制机制，分析了目标考核体系和考核办法，规划了近三年的"五绿"任务，细化了建设布局和时间节点，提出建设林长制智慧平台，对落实属地责任、健全长效机制具有重要作用。

《规划》聚焦"护绿、增绿、管绿、用绿、活绿"五项任务，从生态保护体系建设、绿化美化工程建设、资源管护体系建设、推进绿色产业发展、激发林业发展动力重点着力。同时，衔接《安庆市空间规划（2017—2030 年）》等规划，形成"三区、一网、多点"的格局。其中"三区"为大别山生态屏障区、沿江沿湖湿地保护恢复区、中部生态产业发展区；"一网"为公路、铁路等防护林网；"多点"包括自然保护区、森林（湿地）公园、产业基地、森林旅游地等。《规划》明确构建"1+2+3"体系，包括 1 个总规——《安庆市林长制实施规划（2018—2020 年）》，2 个专项——林业产业发展规划、深化集体林权制度改革意见，3 个配套——评价指标、考核奖惩及智慧林业（林长制综合信息管理平台）。其中，在考核指标上，将林长制列入领导班子和领导干部综合考核

金寨县大湾村生态护林员前往责任片区巡护（吴文兵　摄）

内容，分级开展考核。在评价指标上，制定可分解、可实施、可监测、可考核的指标体系。在智慧林业建设方面，打造林长制综合信息管理平台，采取"平台＋移动端"的互联网应用模式，将各级林长责任和林长制"五绿"任务上图，实现数据采集、处理、评价一体化，为有效监测林长制落实和考核提供全面精准、安全高效的数据支撑和技术服务。

（二）二期规划

2020 年年底，安庆市委、市人民政府委托国家林业和草原局林草调查规划院（原调查规划设计院），并联合中国林业科学研究院、北京林业大学、国家林业和草原局产业发展规划院（原林产工业规划设计院），汇聚安庆市 120 多名技术人员的劳动成果，几易其稿，于 2021 年 7 月正式完成安庆市林长制二期规划——《安庆市林长制实施规划（2021—2025 年）》（以下简称《实施规划》）。二期规划系统总结了安庆市实施林长制"六个一"改革模式的成功经验，围绕深化新一轮林长制改革，统筹实施平安、健康、碳汇、金银、活力、智慧"六大森林行动"，深入分析了机遇挑战及问题短板，优化创新了林长制体系，明确了"十四五"期间实施十二大工程，推进三大创新，建设两个平台的运行模式、建设布局、时间节点和具体措施，对于构建党政同责、属地负责、部门协同、源头治理、全域覆盖长效机制具有重要作用，有助于探索森林生态产品价值实现机制，着力创建全国林长制改革示范区，全力助推乡村振兴。

《实施规划》围绕深化新一轮林长制改革，统筹实施"六大森林行动"，

探索森林生态产品价值实现机制，着力创建全国林长制改革示范区，全力助推乡村振兴。《实施规划》提出到 2025 年，全市建立起责任明确、监管有力、运转高效、协调有序的林业保护与发展新机制，全国林长制改革示范区创建取得实质性进展，初步实现林业治理体系和治理能力现代化。全市森林覆盖率达 39.6%，林木绿化率达 44%，林木总蓄积量达 3200 万立方米，湿地保护率不低于 60%，林业科技贡献率达 65%，林业总产值超过 770 亿元，林业总产值较 2020 年增长 50% 以上。

总体解决了林长制落实目标模糊、责任不明、任务不实、缺乏特色，制度设计、管理体制、生态补偿和激励机制不够完善，政策、资金、科技和基础设施等保障措施有待跟进等问题。

案例三　林长制智慧管理平台建设

林长制智慧管理平台以全国森林资源管理"一张图"为基础，集林长责任分工、数据挖掘、统计汇总、综合分析、考核评价等于一体的多层级、多体系管理平台，集成了多功能模块，实现了林长制数据采集、处理、评价一体化，同时创新"互联网＋"业务应用模式，为林长制的管理和考核提供技术支持。

（一）江西省

江西省林业局为深入推进林长制工作，加强"一长两员"森林资源源头管理体系建设，提高森林资源管护信息化水平，在国家林业和草原局的大力支持下，2019 年年初，着手开展江西省林长制巡护信息系统，即江西省林长制智慧平台一期建设，于 2019 年 8—10 月完成试点，2020 年 6 月，在全省 109 个县级单位全面投入应用，实现省、市、县三级系统全省联网。

2018 年，江西省上饶市探索建立"互联网＋"森林资源实时监控网络，建立卫星遥感监控和实地核查相结合的常态化森林督查机制。2019 年，建立上饶市林业云平台，重点以林长制工作为总抓手，在遥感底图、矢量地图、森林资源分布图等数据基础上，结合"3S"技术搭建的全市智慧林业框架，是集林长制智慧平台、森林资源数据管理、灾害预警监测、林业风采展示等子平台为一体的综合云平台，具体内容包括林长制、森林资源管理、营造林设计、自然保护地管理、森林病虫害防治、征占用林地管理、林业产业建设、森林火灾预防预警及负氧离子监测等业务模块。

上饶市林业云平台内林长制智慧平台模块以林地小班森林资源数据为资源底图，实行全网格的高效率、高精度实时监测管理，实现管理范围、工作流程、业务信息、智能手段等全覆盖，为保护上饶市森林资源提供技术基础。

1. 功能结构

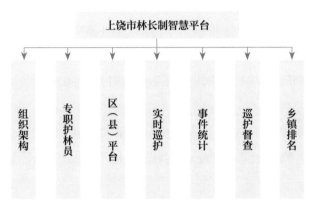

图4-1 上饶市林长制智慧平台功能结构图

（1）组织架构模块。展示林长辖区一长两员数量，支持县、乡、村逐级向下钻取细化展示子区划的数据。展示市级总林长及副总林长人员名单，市级林长的人员信息情况及责任区域，以及全市"一长两员"基本情况，"一长两员"可以继续查看到人员信息以及其具体的网格责任区域。

（2）专职护林员模块。结合遥感影像地图对生态护林员责任区网格"一张图"进行专题展示。上饶市划定3018个网格，每个网格落实专职护林员进行巡护管理。展示各县（市、区）生态护林员的巡护统计情况以及各区域出巡比率。可查看每天、每月巡护人数、巡护时长及巡护里程，可导出相应的巡护数据，便于巡护数据统计分析。

（3）区（县）平台模块。主要展示12个县（市、区）和三清山风景区情况。此模块可查看林长管理、森林资源管理、信息管理、巡林管理等内容。点击巡林管理可查看巡林计划、任务管理、到岗督查、"一长两员"巡检记录、考核评估等内容。此模块涵盖巡林的有关要求，为区（县）年终林长制考核提供基础。

（4）实时巡护模块。利用GIS、GPS、无线通信等技术，将生态护林员的责任落实到山头地块，动态展示生态护林员巡护情况。该功能可显示各县（市、区）生态护林员的实时巡护情况，包括已巡人数、在巡人数及今日上报事件数，平台可直接生成各县、乡、村生态护林员的巡护比率。

（5）事件统计模块。以专题统计图方式展示林长辖区内巡护上报事件的数量。可展示月事件上报统计情况，事件类型包括森林火情、乱砍滥伐、非法占地、滥捕滥猎、乱采滥挖、病虫害、古树名木等内容。

（6）巡护督查模块。建立数据分析模型，从人员、巡护、事件处置等方面对某一段时间内的情况进行分析统计，督促巡山护林及解决问题。

（7）乡镇排名模块。可展示全市乡镇事件处理率、巡护率、巡护达标率排名情况，有效督促巡护未达到要求的乡镇开展巡护。

2. 具体内容

（1）整合完善数据。通过森林资源管理"一张图"整合共享林业核心业务系统数据，实现数据互联互通，"以图管地"，促进森林资源管理走向全面数字化。

（2）实时管理人员。通过人员信息电子化，通过动态表单更新机制、人员定位、巡林工作实时监测，对"一长两员"实现精细化管理，避免只建设不使用的问题。

（3）扎实开展业务。通过综合管理平台穿针引线，实现信息上通下达、业务扎实开展、人员自动考核的目标，让林长办工作井然有序、务实高效。

（4）生成统计报表。平台通过数据自动收集、自动统计，可随时进行数据统计分析，轻松应付各类考核表、统计表，为林长制考核提供量化数据。

（5）及时解决问题。通过生态护林员的巡护，提前发现破坏森林资源的违法行为，将违法行为上传到智慧平台，林长办及时告知执法人员进行处理，将破坏森林资源的违法行为遏制在初期阶段。

上饶市林长制智慧平台是综合展示平台，对森林资源数据、"一长两员"数据、巡护情况进行综合分析展示。其功能包含组织架构、实时监测、事件统计、乡镇排名等功能，在平台上可以查看市、县、乡、村四级林长组织体系，实时掌握护林员巡护情况，便于林长巡林督查管理，更好实现高效、全方位的森林资源监管，促进林长制工作科学化、动态化、精细化管理。

（二）浙江省率先打造"林长智治"应用

2022年6月，上线"浙政钉"和微信小程序，并在全省各设区市、县

（市、区）推广使用。总活跃度达 12 万人次，开展巡林巡护 17 万人次。

1. 推进数据集成管理，实现工作目标"一览无余"。以浙江省 1300 多万图斑矢量数据为基础，推进资源数据更新、森林督查、行政审批、绿化造林等全流程线上管理，实行全要素"落地上图"。各级林长可综合分析森林湿地资源增长消耗情况，科学研判森林覆盖率、森林蓄积量、湿地保护率等指标变化趋势，实行动态化智能预警。根据系统分析预估，全省森林覆盖率、森林蓄积量、湿地保有量呈稳步上升态势。

2. 打造考核晾晒体系，实现重点任务"一屏掌控"。根据浙江省林长制考核任务和各地实际，在"林长智治"场景中制定重点任务清单，通过业务数据协同共享、评价指数智能运算，实现任务进度动态呈现、重点工作月度通报、综合指数实时晾晒，进一步推动各级林长履职尽责。

3. 构建全程闭环机制，实现问题处置"一贯到底"。将挂牌督办、媒体曝光、群众举报、地方自查等渠道发现的涉林问题，全部纳入数字化管理，聚焦全流程问题闭环处置，突出全方位跨部门协同，实行"红黄绿"三色动态预警，切实提升问题处置时效性，全力抓好问题整改工作。场景督办问题清单 200 个，处置率达 80%。将森林督查、林草生态综合监测等纳入督办问题清单后，全省工作进度显著加快，2021 年，森林督查案件查处率和销号率达 99.99%；2022 年，林草生态综合监测和森林督查图斑核实更新率达 100%，均居全国前列。

（三）江苏省南京市雨花台区创建林长制信息化平台

全区聚焦"智慧林长"建设，一手抓网格化治理，一手抓信息化管理，探索森林资源管理工作新格局。

1. 搭建"智慧平台"，释放数字化活力

一是森林资源数据全覆盖，将全区森林资源管理"一张图"、受保护自然湿地等全部融入信息化平台底图，多元统计，及时更新，牢牢掌握资源本底数据。二是林业日常工作全覆盖。以林长制促"林长治"，将林业工作所涉及的森林资源管理、森林防火、林业有害生物防治、野生动物保护、古树名木保护、自然保护地管理等全部纳入林长制信息化平台统筹管理，实现一网统联，一端通管。三是数字实时监控全覆盖。天上地下全面巡查、摄像探头自动监测，结合卫星图斑监测变化情况，通过在平台上设置任务，发现疑似图斑变化，第一时间进行调查核实；引入无人机巡查模式，及时掌握自然保

护地、湿地现状的动态变化；对全区 21 株古树名木安装定位监测探头，实时掌握古树名木生长状况和日常养护信息；平台内设置森林防火远程监控系统，设置 10 个防火监控点位，覆盖全区 95% 以上林地，发现疑似火情时，后台第一时间自动报警，全方位守护林区安全。

2. 助推"智慧林长"，实现智慧化赋能

一是实现智能化巡林。实现线上线下巡林相结合，通过林长制信息化平台终端，远程摄像探头等，实时掌握各级林长、生态护林员巡林工作轨迹和责任落实情况，提高了巡林效率。二是实现数字化管理。依托林长制信息化平台，协调解决重点、难点问题，了解森林防火、图斑整改、巡林督查等各项工作动态信息，调度工作，依托平台数字统计趋势分析、预警等功能，提高管理效能，推动林业健康发展。三是实现一体化办公。运用"我的林长"微信小程序，各级林长、生态护林员第一时间上报问题，后台进行任务派发，跟进问题处置，可以在网上办理林业资源的开发利用和调查审批，实现网上办公、动态跟踪、迅速高效。

通过林长制智慧平台建设，可有效解决数据资源共享难度大、各部门系统条块分割、业务协同度低、信息化设备建设分散、数据资源利用率低等问题，极大地提高了工作效率。

案例四　山东省临沂市创新资金筹措渠道

山东省临沂市地处沂蒙山革命老区，是国家森林城市，林业资源大市。全市有林地面积 39.553 万公顷，森林覆盖率 23.49%，林业总产值 1500 亿元。2019 年 4 月，中共临沂市委、临沂市人民政府印发《关于全面推行林长制的意见》，在全省率先全面推行林长制，建起覆盖全域的市、县、乡、村四级林长制体系，各级林长 1.2 万多人。临沂市林业局率先设立林长制服务办公室，首创森林生态效益补偿、林长科技创新示范区等特色做法，形成了党政同责、部门联动、网格管理、社会参与的新型林业发展格局。

（一）生态效益补偿带动

2019 年，率先出台《临沂市森林生态效益补偿办法》，以全市森林覆盖率和年度造林面积为指标标准，实施生态效益横向补偿，三年来共奖补县（区）林业生态建设资金 1.51 亿元。2020 年，专门设立市级林长项目奖补资金，累计奖补县（区）926万元，统筹用于荒山绿化、森林抚育、农田林网、乡村绿化等林业重点工程项目。蒙阴、沂南、平邑、兰陵等县统筹生态补偿资金使用，将造林标准由原来的每0.67公顷200~300元提高到1000元以上，确保造林质量。

（二）国家项目拉动

在省、市级总林长积极推动下，2021年5月，临沂市成功获批"沂蒙山区域山水林田湖草沙一体化生态保护和修复工程"项目，此项目成为全省唯一入围项目，规划总投资53亿元，其中林草湿类项目投资20.98亿元，规划完成林草等植被生态覆绿646公顷，退化公益林修复9333.8公顷，湿地生态修复173.3公顷，全面提升沂蒙山区域森林生态质量和功能效益。

（三）社会资本促动

持续优化林业营商环境，采取"政府+"模式，在荒山绿化、矿山修复、乡村旅游等方面撬动社会资本投入30多亿元，推动了一批规模大、标准高、带动强的林业综合体项目建设。积极探索建立森林等生态资源交易平台，拓宽了"两山转化"生态价值实现机制路径。费县成立了全省首家"两山银行"，为农民合作社和涉农企业等经营主体发放贷款，有效盘活流苏、核桃等森林生态资源；蒙阴县制定出台生态系统生产总值（GEP）核算工作方案和"绿色银行"试点实施方案，发布了山东省首份村级GEP核算报告，探索了"助栗贷""楸树贷"等"生态贷"模式，构建起县域生态产品交易体系。积极探索实施林业碳汇交易，蒙阴县在全省签订首个碳汇资源开发项目合同，推动山东省首笔森林碳汇预期收益权质押贷款落地，为企业发放贷款7000万元；2021年11月，临沂市林业局与临沂农发集团签订《林业碳汇开发战略合作协议》，合力推进全市林业碳汇开发工作。

临沂市认真落实《中共临沂市委　临沂市人民政府关于全面推行林长制的意见》提出的"要建立市场化、多元化资金投入机制，完善森林草原资源生态保护修复财政扶持政策"，率先实行生态补偿，提高造林质量，采取国家项目拉动、社会资本促动、金融创新等多渠道筹措资金，破解"林业行业投入少"问题，有力推动了林草事业发展。2021年，临沂市在山东省林长制工作绩效评价中排名第一，"临沂市实施森林生态效益横向补偿"入选2021年度自然资源领域生态产品价值实现典型案例。

案例五 "一长 N 员"护林机制，推进林长制实现乡镇管理网格化

构建"一长 N 员"森林资源源头网格化管护责任体系。网格化管理运行在林长制组织体系中呈现出两条线路：一是以网格为基本单位，通过管理权限和范围的层层递进构建起五级网格框架；二是通过问题发现、派遣、处理、反馈等环节，形成闭环管理。网格化管理模式逐渐成为林长制组织体系建设的核心（倪修平等，2020）。全国开展"一长 N 员"省份情况见表 4-1。

表 4-1 部分省"一长 N 员"护林机制开展情况

机制	内涵	单位
一长两员	林长＋护林员＋监督员	北京市、江西省、广东省、四川省
	林长＋护林员＋草管员	内蒙古自治区、新疆生产建设兵团
	林长＋监管员＋护林员（草管员）	宁夏回族自治区
一长三员	林长＋林业科技人员＋森林公安民警＋护林员	安徽省
	林长＋护林员＋监管员＋执法员	湖南省
	林长＋技术员＋监管员＋护林员	辽宁省
	林长＋管理员＋监管员＋警员	青海省
创新机制	四级林长＋网格护林员	重庆市、湖北省神农架
	林长＋网格员	海南省澄迈县
	局林长＋局片区林长＋分局林长＋分局片区林长＋网络长＋管护所（站）长＋管护员	新疆天山东部国有林管理局

（一）"一长两员"体系

江西省在深入推动林长制基层基础能力建设上下功夫，建立网格化管理责任机制，组建"一长两员"队伍。即：以村级林长、基层监管员、专职护林员为主体，组建森林资源源头管理队伍。基层监管员一般由乡镇林业工作站或乡镇相关机构工作人员担任；专职护林员由生态护林员、公益林护林员、天然林护林员等力量整合而成。村级林长、基层监管员负责管理若干专职护林员，构建覆盖全域、边界清晰的"一长两员"源头网格化管护责任体系。

　　除此之外，北京市、广东省、四川省、内蒙古自治区、宁夏回族自治区和新疆生产建设兵团建立"一长两员"网格化管理体系，将林地划分为若干网格，按照林区面积、护林任务等安排村级林长，在每个村级林业单元网格实行覆盖全域、责任清晰、防护紧密的网格化管理体系。

　　（二）"一长三员"体系

　　安徽省、湖南省、辽宁省和青海省建立了"一长三员"网格化管理体系，加强基层队伍建设，更加有力地夯实资源保护管理"最后一公里"。其中，湖南省"一长三员"网格化管护体系（林长＋护林员＋监管员＋执法人员）将林草资源保护发展延伸到最前沿，推进林草资源保护发展。按照"县建、乡管、村用"的原则，整合生态护林员、公益林护林员、护林防火员等各类护林员，组建统一规范的综合护林队伍；选派乡镇从事林业工作干部或乡镇驻村干部等担任监管员，监督管理护林员工作及林草资源保护情况；以乡镇综合执法人员为主，县级林业主管部门执法人员为补充，明确每一个网格的执法人员，与护林员、监管员一起，构建起科学有效的源头管护体系，保障每个网格均有对应的护林员、监督员、执法员及乡、村林长，将网格作为林草资源保护管理的最小单元，把责任落实到山头地块，确保每块林地、每棵树木得到有效监管和保护。

　　"一长多员"护林机制推动了"源头治理"责任落实。充分发挥行政村林长和森林资源监管员、专职护林员距离山头近等优势，组织开展拉网式巡查，守好源头、看牢山头、管住人头，使森林资源得到有效保护和发展（杨善为 等，2022）。各级对保护森林草原资源关注度不断提高，森林资源目标责任制不断压实，源头治理能力不断增强。通过构建网格化源头管理体系，将森林资源监管重心向源头延伸，通过整合基层管护力量和森林资源管护资金，以连片山场为网格，划定森林资源管护责任区，建立健全源头信息化管理机制，进一步推动林业系统治理、依法治理、综合治理，实现"山有人管、树有人护、责有人担"目标。同时，打通了资源保护管理"最后一公里"，推动了林草资源保护发展责任落地落实落细，强化了基层林业管理和森林保护的技术和监管支撑。

　　（三）其他"多长N员"创新机制

　　重庆市科学划定护林管护网格，激活"神经末梢"，构建起"四级"林长和网格护林员"4＋1"林长制责任体系，每一名林长和网格护林员均有明确的责任区，每一个山头地块均划片到责任林长和网格护林员，确保山林有人护、事有人做、责有人担。海南省澄迈县全面推行"林长＋网格员"，将全县林地划分为"一总三级"单元网格，县委、县人民政府为总网格，管控全县林地资源，各镇党委政府、行政村及村民小组分别为一、二、三级网格，管控各自辖区林地，实现林地网格化管理。湖北省神农架林区构建"四长一员"体系。宜昌市秭归县建立林长、河长、路长、席长"四长"联动机制，推广"伐一栽三"等管控措施，全面停止商品性采伐，严格保护森林资源，建立了覆盖全市的"四级林长＋护林员"的森林资源网格化管理体系。四川省创新推行"县级林长＋乡镇林长＋村级林长＋管护队长＋管护成员"的"四长一员"管理机制，将责任落实到最小单位，压紧压实末端责任。新疆天山东部国有林管理局，构建"局林长＋局片区林长＋分局林长＋分局片区林长＋网络长＋管护所（站）长＋管护员"7级网格化管理模式，实现了天东林区管理精细化、规范化、制度化。

案例六　江西省九江市出台林长制终身责任追究制

2019 年，中共十九届四中全会提出，严明生态环境保护责任制度，开展领导干部自然资源资产离任审计，实行生态环境损害责任终身追究制。《中共江西省委办公厅　江西省人民政府办公厅印发〈关于全面推行林长制的意见〉的通知》强调要"落实党政领导干部生态环境损害责任终身追究制，对造成森林草原资源严重破坏的，严格按照有关规定追究责任。"为更好落实十九届四中全会和《关于全面推行林长制的意见》精神，更好保护森林草原资源，江西省九江市创新林长责任落实机制，2021 年 6 月，江西省九江市人民政府办公室印发《林长制责任追究办法（试行）》，实行林长制终身责任追究制，进一步压实各级林长森林资源保护发展责任，推进林长制各项工作落实，适用于县级总林长、副总林长、林长；乡级林长、第一副林长、副林长；村级林长、村级副林长以及各级承担林长制工作的相关人员。

《林长制责任追究办法（试行）》共 5 章 16 条，明确了 3 类责任主体，规定了追责情形、追责形式与追责实施等内容。

一是明确责任主体。县级总林长、副总林长和乡级林长、第一副林长及村级林长为责任区域的第一责任人，县、乡、村级其他林长为直接责任人，各级承担林长制工作的相关人员为责任人。

二是明确追责情形。规定在履行相关工作职责过程中存在未履职尽责、不当履职、违法履职等行为，导致造成严重后果、重大（较大）损失、恶劣（重大）影响等情形的，应依法依规追究责任。

实行林长制终身责任追究制，各级林长以及各级承担林长制工作的相关人员在任期内因森林资源保护方面问题需要追究责任的，不因问题发现时间、干部工作岗位或者职务变动而免于追究责任。

三是明确追责形式与追责程序。追责形式包括通报、诫勉、组织调整或组织处理、党纪政务处分4种形式，可以单独使用，也可以同时使用。明确从轻、减轻及从重追究责任的情形，做到了责罚适度、责罚适当。同时，规定了实施追责的部门及追责程序。受到追责的各级林长及各级承担林长制工作的相关人员取消当年年度综合考评和各类评优评先资格。

《林长制责任追究办法（试行）》的出台，打造出了上下贯通、层层负责、有效追责的责任链条，有效解决了主体责任不明确、落实不到位、监督不到位等难题，为压实各级林长森林资源保护发展责任，扎实推进林长制工作落实落地提供了有力的"制度武器"。

案例七　海南省设立林长制专岗，为基层林长发放津贴

《中共海南省委办公厅　海南省人民政府办公厅关于全面推行林长制的实施意见》提出要分级设置林长，实行党政同责、属地负责。各地在推行林长制过程中，多数设置了省、市、县、乡、村五级林长，但是大部分林长并非全职，林长制作用主要体现在强化原党政领导的林草资源保护责任。作为源头治理的重要一环，基层是林长制取得成效的关键，海南省海口市和昌江县分别通过设置林长制专岗、为村级林长发放津贴，落实基层林长职责，为林长履职提供经费支持。

（一）海南省海口市推行"林长制专岗"

基层生态管护队伍是基础力量，是落实管护责任的源头和载体，强化乡镇林业队伍建设，用好基层林业队伍，做到网格化全覆盖管理，是保障林长制落地生根的基础。为解决基层林业工作力量薄弱的问题，海口市在各镇（街道）政府服务中心设立"林长制专岗"，主要工作职责为：一是牵头协

调全镇（街道）林长制工作；二是负责承办镇级林长会议和镇级林长专题
会议；三是会同镇级林长制有关成员单位对各村委会（社区）实施林长制
情况进行考核；四是做好涉林相关证件办理及林业科技、法律、政策咨询
服务；五是协调与政府服务中心其他岗位的关系，负责涉林业务培训，落
实 AB 岗制度。

（二）海南省昌江县给村级林长发放津贴

林长制的生命力在于实践，在于激发各级林长的责任感。昌江县在推行
林长制过程中，积极探索和实践符合昌江实际的工作模式，出台了《昌江黎
族自治县建立完善林长制工作体系实施方案》，明确了各级林长的具体职责，
特别是要求村级林长、副林长每月至少对责任区开展 1 次巡林工作，做好巡
林记录；给村（社区）级林长每月发放 100 元工作津贴，村（社区）级副林
长每月发放 50 元工作津贴，同时配备必要的巡林工具、装备和器材。通过采
取乡镇自评、专项检查、抽样调查、实地核查等方式进行考核，对村级林长
成绩显著的予以通报表扬或奖励，充分发挥村级林长的作用，夯实了基层基
础，取得了较好成效。昌江县每年给各乡镇安排 2 万元、县级林长办安排 7
万元工作经费，统筹做好林长制工作。

"林长制专岗"的设立，搭起了村民与各级林长之间的桥梁，实行专职
专责，一线解决涉林诉求，对涉林问题快速响应、迅速解决，打通森林资
源保护和管理"最后一公里"，林业基层基础建设得到加强，森林资源保
护管理水平得到提高，林业生态修复、森林村庄建设、林下经济发展等工
作得到有序推进，形成了保护发展森林资源的强大合力，释放出良好的治
理效能，在推动林长制工作中发挥了重要作用。通过给村级林长发放津
贴，激发了基层林长的巡林护林热情，使涉林问题发现在基层、解决在
基层。

案例八　海南省澄迈县全面推行"林长 + 网格员"运行机制

2022 年，海南省澄迈县出台《澄迈县林地网格化管理实施方案》，率先
在全省推行"林长 + 网格员"林地网格化管理运行机制，积极探索森林资源
保护发展新路径，源头治理工作取得阶段性成效。

（一）划分林地单元网格

按照"属地管理、党政同责、分级负责、全域覆盖、职责到人"的原则和"定格、定员、定责"的要求，将全县林地划分为"一总三级"单元网格，县委、县人民政府为总网格，管控全县林地资源，各镇党委政府、行政村及村民小组分别为一、二、三级网格，管控各自辖区内的林地；明确县级林长为总网格员，县级副林长为副总网格员，各镇及行政村班子分别为一、二级网格员，三级网格员聘用村民小组成员或村民担任，每个村民小组至少有 1 名三级网格员；全县 166.5 万亩林地共划分 1075 个网格，各级林地网格员共 1354 名，其中一级网格员 108 名，二级网格员 171 名，三级网格员 1075 名，平均约 1500 亩林地由 1 名三级网格员具体开展常态化巡查护林工作。

（二）明确网格员工作职责

逐级明确各级网格员工作职责，提出 23 条具体的工作要求，构建巡查全覆盖和发现问题及时制止并整改的常态化管理和快速处置机制。一级网格员每年至少召开 1 次专题会，研究辖区林地网格化管理工作，每月至少 2 次调度林地网格化管理实施情况和开展 1 次巡林活动，对下级巡查反馈的破坏林地行为及时制止、立即整改；二级网格员每季度至少召开 1 次专题会，每周至少巡林 1 次并汇总各级网格员巡林情况向上一级网格员报告；三级网格员每周至少巡林 2 次，发现破坏森林资源行为的，第一时间制止并在 1 日内向上一级网格员报告，全县形成自上而下、上下贯通的林地管护组织体系。

（三）建立健全考评奖惩机制

建立健全考评奖惩机制，将林地网络化管理工作纳入林长制考核，并将考核结果作为各镇党政领导干部综合考核评价的重要依据。凡当年辖区新增且未及时整改到位的森林违法图斑累计超过一定数量的，对镇相关领导干部启动预免职程序，超过 10 宗预免分管副镇长，超过 20 宗预免镇长，超过 30 宗预免镇党委书记。给予预免职警示后，在规定的时间内推进森林图斑整改到位的，取消预免职警示，如未落实整改到位，则按程序予以免职。对辖区内森林违法图斑零新增的镇奖励 20 万元工作经费，用于林地网格化管理工作支出和奖励工作成绩突出的网格员；对连续两个季度新增森林违法图斑数超过 10 宗且未及时整改到位的镇扣减 20 万元工作经费，用于奖励林地网格化管理工作成效突出的镇。对第一时间发现、报告、制止破坏森林资源违法行为达到一定数量的三级网格员给予奖励；对网格责任区内林地巡查管理不到位导致森林违法图斑新增较多的网格员给予扣减工作补贴。

通过全面推行"林长＋网格员"管理运行机制，有效整合了服务林业资源，极大充实了基层巡护力量，使得林地监管关口前移由口号变为现实，确保每一个自然村、每一座山头、每一块林地都有专人专管，建立起"横向到边、纵向到底"的管理体系，林地源头化治理成效初显。截至 2022 年，各级网格员巡查共发现并制止苗头性破坏森林资源行为 51 次，发现疑似破坏林地图斑 44 个，经核实为违法图斑的 38 个，已整改 36 个，2 起问题线索已移送执法部门依法查处；各级网格员在开展护林巡查过程中，积极加强林地依法依规使用的宣传，先后对 236 户正在开垦林地的农户进行用地提醒，共有 32 户原计划种植农作物和 17 户原计划搭建构建物的农户受劝导正确使用林地，有效避免违法改变林地用途行为发生。同时，林地"小网格"承载社会"大治理"。金江镇结合网格化管理开展规范农村土地经营权流转工作，通过网格员对辖区林地逐一核查，掌握了地块翔实情况，对林地非法流转问题实行提前介入、迅速制止，及时化解涉林小隐患、小矛盾、小纠纷，共计 41 宗；执法部门依托该机制，在短时间内完成收集 2021 年 448 宗森林督查违法图斑（细斑）案件查处所需的现场勘验记录、土地及林木权属证明等相关材料，切实提高了违法图斑调查和案件查处效率；土地规划部门利用林地网格化管理资源，加强对规划调整地块的实地勘查，准确把握拟占补地块现状，避免不合理占补现象发生，同时强化对使用林地审批项目的管理，有效遏制少批多建、未批先建现象，有力提高了全县林地规划建设管理水平。

案例九　福建省聚焦乡镇林业站建设，夯实林长制基层基础

乡镇林业工作站（以下简称"林业站"）是设在乡镇的小"林业局"，是贯彻落实林业发展方针政策的"最后一公里"，在全面推行林长制中发挥着不可替代的基础保障作用。福建省历届省委、省政府及省林业主管部门认真贯彻落实习近平生态文明思想和党中央、国务院决策部署，高度重视乡镇林业站建设，以之为载体夯实林业基层基础，不断推动林长制工作做深做实，持续推进林业高质量发展。

（一）深谋远虑稳机构

福建省是我国南方重点集体林区省份，森林覆盖率连续 40 多年稳居全国

之首，森林覆盖率达 66.80%。在历次基层机构改革中，福建省将林业站作为夯实基层基础的重要载体，紧抓不放、久久为功。2002 年，《福建省森林法实施条例》以立法形式将林业站作为县级林业主管部门的派出机构予以明确；2016 年，福建省人民政府办公厅印发《关于进一步加强乡镇林业工作站建设的意见》，从机构编制、工作经费、基础建设、人才队伍管理和培养培训机制等方面对加强林业站建设进行了规范，林业站的机构多年来基本稳定。福建省现有 895 个林业站全部为县林业局垂直管理，94.2% 的林业站独立设置，实现林业站对全省涉林乡镇全覆盖，垂直管理站占比、独立站占比、林业站覆盖度在全国均遥遥领先，70% 以上的林业站加挂了乡镇林长办牌子，挂牌率居全国前三位。基层充足有效的人员力量是福建省林草事业可持续发展的基石所在。

（二）固本强基提能力

始终注重能力建设，对改善工作条件、配备先进设施设备和强化人才队伍等实行软硬并举、协同推进。一是持续加强基础设施建设。多渠道加大投入，持续开展标准站和林业站服务能力建设，推动林业站整体建设提档升级。"十三五"以来，中央和省级发改、财政共安排建设资金 13440 万元，实施了 151 个国家标准站建设、325 个林业站服务能力建设和 56 个省级标准站建设项目。福建省共有 169 个林业站被授予"全国标准化林业工作站"称号。二是不断推进监管手段智能化。开发使用"森林资源监测管理系统"，实现省、市、县、乡四级森林资源监测管理工作落地上图，资源数据实时动态更新；开发林业视频监控联网调度系统，全省森林防火、自然保护区、林区道路卡口等林业视频监控点达 2000 多处；省财政支持每个县（区）建设 1 个护林巡护调度指挥中心（林长制指挥中心），实现森林资源保护精细化智能化管理。2022 年，全省启动实施林业无人机应用体系项目，省财政计划三年内投入 6000 万元，为全省林业站、省属国有林场和省级以上自然保护地配备无人机，已有 369 个林业站拥有无人机。三是创新解决人才难题。为解决林业站"进人难、留不住"、专业技术人才匮乏问题，省林业局会同省委编办、发改委、教育厅、财政厅、人社厅联合发文，从 2018 年起，用 5 年时间，通过"三定向"（定向招生、定向培养、定向就业）方式，依托省内林业职业院校，为主要林区的林业站定向培养专业技术人员，取得了良好工作成效，首批学生已毕业，绝大部分（43 人）到林业站工作。实行分级分类培训，"十三五"时期以来，省级每年举办 1~2 期全省林业站站长和林业站主要岗位人员培训班，同时组织 170 名基层林业站站长参加全国林业关键岗位（基层林业站长）建设与能力提升培训班，不断提高林业站人员能力水平。

（三）咬定青山严保护

始终坚持把资源保护作为全省林业高质量发展的基础和重中之重抓紧抓好。一是不断健全政策制度。近年来，不断完善生态公益林保护管理制度和补助政策，进一步巩固保护成效。国家级、省级生态公益林补助标准分别从早期的每亩每年 5 元、1.35 元逐步提高到 23 元（竹林、经济林补偿标准为每亩每年 22 元）。2016 年，率先在南方集体林区实行天然林停止商业性采伐补助政策，天然商品乔木林停伐管护补助标准为每亩 15 元。2020 年，天然商品乔木林停伐管护补助提高到 23 元。林业站每年逐户核实补助面积和金额，确保林农得收益、资源得保护。二是推进实现资源网格化管理。全省科学划分护林网格 1.9 万个，配齐护林员，实现森林管护全覆盖。闽侯县大力探索森林生态巡护体系改革，将全县林地划分成巡线、瞭望、值守、区位网 4 类共计 133 个网格，巡护面积从 95.5 万亩提高至 190.1 万亩，实现全县森林巡护全覆盖。2022 年 5 月以来，全县共巡查上报各类事件 153 项，做到早发现、快处置、主动防，巡护效率大大提升。三是多措并举加强执法。各地以全面推行林长制为契机，探索建立"林长＋警长"工作机制。龙岩、福州等市设立"森林警长"，由市、县两级公安局局长分别担任本级副林长、"森林警长"。三明市总结推广基层林业执法由林业站站长兼任基层林业执法中队中队长，领导执法中队执法人员、林业站技术人员和乡村护林员三支队伍共同开展乡镇林政执法工作的"一带三"模式。在各地实践的基础上，省林长办将落实"林长＋警长"工作机制纳入 2022 年林长制考核内容，省高级人民法院、省人民检察院要求当年全面落实省、市、县"林长＋法院院长""林长＋检察长"工作机制，在同级林长办设立工作联络室。

（四）多措并举稳终端

生态护林员是基层林草资源管护的源头和载体，也是实现森林资源网格化管理落实到山头地块的终端。网格是否牢固，资源管护是否得力，护林员工作至关重要。福建省高度重视护林员在落实林长制中的关键作用，全面加强护林员队伍建设，以绩效考评、资金保障等为抓手，建立长效机制。一是推进护林员专业化。严格选聘、培训、管理、考核等程序，适当提高薪酬待遇，不断优化护林队伍，推进护林员专职化。建瓯市、尤溪县、龙海区、云霄县等地通过健全规章制度、提高待遇、加强教育培训等措施，护林员队伍专业化趋势日益明显。闽侯县建立护林员培训基地，推行职业资格证书制度。永泰县将林长制工作、森林督查、安全救护等内容纳入护林员的培训课程，对全县 311 名护林员进行岗位培训。二是建立绩效考评机制。林业站充分发挥管理指导护林员的职能，建立"日巡""月查""季评"的考评机制，严格规范护林员考勤、考核、巡护业务指导，管理指导全省 1 万多名护林员做好巡山护林工作。2021 年，省级统一开发护林员巡护平台，建设覆盖全省的森林资源网格化巡护系统，推进护林员应用手机 App 智能化管理，实现掌上调度全时全域，管理通道直达网络末端，做到"管到底、管到边、管到位"。同时，定期开展管护质量检查，做好护林员考评工作，考评结果作为护林员绩效报酬发放和是否续聘的依据。三是完善资金保障机制。各地将护林员网格化管理工作经费列入本级财政预算，并统筹森林生态效益补偿资金作为补充，设立专户管理，专款专用于村民直接补偿和网格区内的管护和监管费用。漳浦县针对人工商品林管护资金不足问题，在生态林和天然林管护经费之外，县本级每年投入 500 万元，增聘 100 名专职护林员，确保全县森林资源管护到位。

案例十　促进公众参与，探索"民间林长"运行模式

中央《意见》提出，全面推行林长制要"接受社会监督""加强生态文明宣传教育，增强社会公众生态保护意识，自觉爱绿植绿护绿"。林草资源保护与林长制运行不能仅依靠政府推动，更要注重发挥人民群众的主体性和积极性。让社会公众参与到林草资源保护与监督中，是林长制实现高效可持续发展的基础。各地在加强公众参与过程中，创新地设置"民间林长""志愿林长""科技林长""产业林长""小林长""治安林长"等机制，取得了很好的效果。

（一）福建省连城县设立"民间林长"，参与森林资源保护与发展

福建省连城县在推行林长制中创造性提出设立"民间林长"，聘请热心林业事业的人大代表、政协委员、林业退休干部和涉林企业主担任"民间林

长",参与森林资源保护与发展,监督护林员履职尽责。2021 年,已经选聘第一批县级"民间林长"5 名、乡镇"民间林长"54 名,发放"民间林长"聘书,任期为三年。县林长办不定期向"民间林长"通报推进林长制工作情况。截至 2021 年年底,全县通过"民间林长"举报查处非法收购林木案件 8 起、擅自改变林地用途案件 10 起,挽回经济损失 98593.2 元。

(二)山东省临沂市出台"民间林长"管理办法

2021 年 10 月,临沂市林长制办公室印发了《临沂市"民间林长"管理办法(试行)》,对民间林长的主体、职责、选聘程序、监督考核做了具体的规定。根据该办法,"民间林长"作为社会各界(人大代表、政协委员、专家学者、社会团体、企业单位、志愿者、热心人士等)代表,公益、自愿参与林长制工作的管理和服务,主要履行管理的查、评、议、宣等职责。具体包括:宣传生态文明理念、林业法律法规及林长制工作决策部署,提高群众森林湿地等自然资源保护意识;协助各级政府和林业部门开展造林绿化、营林管护、森林防火等工作,监督乱砍滥伐林木、乱占滥用林地等违法违规行为;开展日常巡林巡查,及时发现森林资源保护发展中存在的问题,并向各级林长和林长办反映报告,提醒督促林长或责任主体尽快处置到位;参与监督、评价各级林长履职尽责情况,及时向各级林长及林长办收集反馈群众对森林资源保护发展的意见和建议。

"民间林长"选聘在市林长办指导下,由各县(区)林长办负责组织实施,采取个人自愿申报和单位推荐相结合的方式产生。各县(区)林长办根据申报或推荐人员条件进行审核,严格筛选确定人选,并在一定范围进行公示后,统一颁发聘任证书,聘期不少于 1 年,任期到期后可以续聘。"民间林长"选聘后由县、乡级林长办负责日常管理,结合本地实际,制定相关工作计划方案,建立健全相关工作台账、管理、培训等制度办法并组织实施。"民间林长"开展相关活动须报经县、乡级林长办同意或授权,在规定的职责范围及活动权限内开展工作。

(三)山东省青岛市城阳区打造"志愿林长",撑起野生动物保护伞

青岛市城阳区依山傍海,野生动植物资源丰富,仅爱鸟协会注册会员就达 5000 多人。林长制改革中,该区探索建立创建"志愿林长工作站",打造"志愿林长"工作品牌,将野生动物保护的触角延伸到各个角落,在技术推广、科普宣传、保护救助、义务巡查、舆论宣传等方面发挥作用,靠大批

"志愿林长"撑起野生动物保护伞。他们采取线上与线下相结合、理论宣讲与公益实践相结合等多种方式，由"志愿林长"具体承办，先后组织开展"野生动植物保护日""爱鸟周""野生动植物保护宣传月"等主题宣传教育活动，仅 2021 年就开展护鸟清网行动 20 余次，收缴网具 30 余条，收容救助野生动物 160 起 203 只，经救治放归自然 130 只，开展进校园科普巡讲活动 8 场次，举办野生保护科普展、书画展 10 场次，发放宣传材料 4000 余份，累计受众 2 万余人次。2021 年 1 月选聘 15 名民间林长，4 月选聘 10 名志愿林长，8 月在学校、居民小区等 6 类单位设志愿林长工作站，动员社会力量参与生态文明建设实践，相关工作被新华网、《人民日报》等各大媒体广泛报道。

（四）山东省烟台市建立"科技林长"，打通服务群众"最后一公里"

山东省烟台市探索建立以"社会林长""科技林长""护林志愿者"为骨架的市级民间林长队伍，其中"科技林长"66 人，由市林学会、市森林资源监测保护服务中心等市属事业单位的专家学者组成，为乡村林业产业提供技术服务，打通为果农服务的"最后一公里"，较好地带动了林业产业提质增效。2021 年，市林长办组织"科技林长"送科技下乡活动 4 次，直接受益群众达 1000 余人，为乡村振兴、农民增收致富发挥了积极的作用。烟台市海阳郭松果蔬农民专业合作社的 226.67 公顷板栗林是当地群众的主要收入来源，2020 年春天发生栗瘿蜂灾害，板栗面临绝收断产。市林长办获悉后，立即组织科技林长下沉调查，联系省林科院果树病虫害防治专家商讨防治方案，抓住 7 月栗瘿蜂成虫羽化期和盛期 2 次喷雾防治，2021 年，又先后 6 次跟踪调研、对症防治，令板栗园重拾生机，秋季喜获丰收，让群众燃起新的希望。

（五）广东省探索"产业林长"新模式，推动林业产业发展

广东省在区、镇（街）、村（居）三级林长体系基础上，按照"谁经营、谁管理、谁负责"的原则，动员经营林地面积超过 3.33 公顷的承包户担任"产业林长"，签订森林资源保护承诺书，明确"产业林长"森林资源保护"红线"和发展"清单"，将经营主体的技术和经验优势融入森林资源保护发展中，倡导林下种养与生态景观利用相结合，实现生态保护、绿色发展、林业惠民三位一体良性循环。2021 年，全区确立"产业林长"99 名，涉及林地总面积 4867 公顷，涉及产值 3.5 亿元，占全区林业产值的 30%。经过试点探索，2020 年增城区涉林案件同比下降 37%，林业产值同比增长 10%。

（六）湖北省嘉鱼县首创"林长+企业林长"机制，政企共护古树名木

嘉鱼县古树名木资源共 318 株，古树群落 7 个，散生 226 株，其中一级古树 1 株，二级古树 20 株，三级古树 295 株，名木 2 株，包括柏木、豹皮樟、樟等 28 个树种。为提高企业在林长制工作中的参与感和承担保护生态平衡的责任，构建"党政同责、部门协同、企业引领、全域覆盖"的长效机制，嘉鱼县创新企业林长制（期限暂为一年），通过聘任企业林长，鼓励企业主动认领全县范围内的古树名木予以管护，引导企业担负起对林业生态的责任义务、保护重要生物资源和历史文化遗产的重要性，让嘉鱼的古树名木真正找到了"家人"。通过前期的宣传，加上此前 3 家企业的带动作用，截至 2022 年 5 月，已有意向认领古树名木的企业有 12 家，后续将分批进行企业认领聘任工作，完成 318 株古树名木企业认领工作。

（七）甘肃省兰州市设立"治安林长"推深推实林长制

"治安林长"作为林区辅助力量依托警务区，协助公安派出所和警务区民警有效加强林区治安管理、森林资源管护，森林火案侦破、深化林区社会治理工作等，是公安机关为推动林区警务向林场、检查站、林务所延伸的重要举措，有利于推进林区社会稳定，实现林区治理社会化、法治化、智能化、专业化。甘肃设立"治安林长"515 名。2021 年 5 月，兰州市公安森林分局率先在全省森林公安机关试点推行与林长制相配套的治安林长制，打造具有兰州森林公安特色的治安林长组织保障体系，实现涉林领域执法工作的警务再造，创新生态治理保护执法的警务模式，不断健全治安林长与警长"两长共治"机制。由此看出，"治安林长"的聘用是推进资源管护、森林防火等工作联防联治的具体措施，也是确保林区和谐稳定的有力保障。

（八）贵州省贵阳市"小林长"志愿服务宣传示范巡林护林

2021 年 5 月，贵阳市委、市林业局、市林长办联合启动贵阳贵安"小林长"志愿服务行动，面向社会招募市民作为"小林长"志愿者，就近、就便开展巡林护林、防火宣传、垃圾清理、不文明行为劝阻、林业保护宣传等志愿服务。活动旨在用实际行动组织动员广大青少年等社会力量响应中央、省委、市委号召，推动全民参与，引导青少年服务"强生态"助力"强省会"。

设置"民间林长"是促进公众参与林长制的重要手段，一方面有利于凝

聚人民群众智慧，发挥人民群众主体性作用，形成公众知晓、支持、参与、监督和推动林长制工作的良好氛围；同时，通过设置"民间林长"从而鼓励公众参与林长制工作，也是对公众进行生态保护的实践教育，有利于增强公众保护环境、爱绿护绿意识，营造人人有责、人人参与、人人共享的社会风尚。

全国上下将持续贯彻落实中央《关于全面推行林长制的意见》精神，不断探索完善林长制组织、责任和制度体系，科学开展督查考核激励等措施，不断加强森林草原保护管理，全面提升森林草原质量和生态系统稳定性，为建设美丽中国、守住自然生态安全作出新的贡献。

林长制大事记

2016 年 8 月 8 日 中共抚州市委办公室、抚州市人民政府办公室印发《抚州市"山长制"工作实施方案》，要求设立市、县、乡、村四级"山长"组织体系。

2016 年 8 月 29—31 日 武宁县第十四次党代会决定探索建立"林长制"。

2017 年 3 月 安徽省率先在合肥、安庆、宣城三市试点林长制改革。

2017 年 4 月 1 日 中共武宁县委、武宁县人民政府印发《武宁县"林长制"工作实施方案》，在全国率先探索建立林长制。

2017 年 9 月 18 日 中共安徽省委、安徽省人民政府印发《关于建立林长制的意见》，率先在全国省级层面全面推行林长制。

2018 年 7 月 3 日 中共江西省委办公厅、江西省人民政府办公厅印发《关于全面推行林长制的意见》，在全省全面推行林长制。

2019 年 4 月 8 日 国家林业和草原局致函安徽省人民政府，同意安徽省创建全国林长制改革示范区。

2019 年 7 月 25 日 山东省人民政府办公厅印发《关于全面建立林长制的实施意见》，在全省全面推行林长制。

2019 年 11 月 29 日 安徽省第十三届人民代表大会常务委员会第十三次会议审议通过全国首部林长制地方性法规《安庆市实施林长制条例》，该条例自 2020 年 1 月 1 日起施行。

2019 年 12 月 28 日 第十三届全国人民代表大会常务委员会第十五次会议审议通过新修订的《森林法》，提出"地方人民政府可以根据本行政区域森林资源保护发展的需要，建立林长制"。

2020 年 4—9 月 海南省、山西省、贵州省全面推行林长制。

2020 年 8 月 18—21 日 习近平总书记到安徽考察，作出落实林长制的重要指示。

2020 年 10 月 29 日 中国共产党第十九届中央委员会第五次全体会议审议通过《中共中央关于制定国民经济和社会发展第十四个五年规划和二〇三五年远景目标的建议》，提出"推行林长制"。

2020 年 11 月 2 日 习近平总书记主持召开中央全面深化改革委员会第十六次会议，审议通过《关于全面推行林长制的意见》。

2020 年 11 月 9 日 江西省委书记、省级总林长刘奇签发全国首个总林长令《关于开展林长制巡林工作的令》。

2020 年 12 月 28 日　中共中央办公厅、国务院办公厅印发《关于全面推行林长制的意见》。

2021 年 2 月 21 日　中央一号文件《中共中央、国务院关于全面推进乡村振兴加快农业农村现代化的意见》发布，提出"实行林长制"。

2021 年 3 月 18 日　安徽省人民检察院、安徽省林长制办公室印发《关于建立"林长 + 检察长"工作机制的意见》。

2021 年 3 月 19 日　国家林业和草原局印发《贯彻落实〈关于全面推行林长制的意见〉实施方案》。

2021 年 5 月　"林长制落实情况督查考核"作为国家林业和草原局唯一事项，首次列入中央和国家机关督查检查考核年度计划。

2021 年 4 月 9 日　国家林业和草原局召开全国全面推行林长制第一次工作会议。

2021 年 5 月 28 日　安徽省第十三届人民代表大会常务委员会第二十七次会议审议通过《安徽省林长制条例》，该条例自 2021 年 7 月 1 日起施行。

2021 年 10 月 15 日　沪苏浙皖林业主管部门主要负责同志共同签署了建设长三角一体化林长制改革示范区合作协议。

2021 年 11 月 8—11 日　召开党的十九届六中全会，林长制被写入《中共中央关于党的百年奋斗重大成就和历史经验的决议》。

2021 年 12 月 14 日　《国务院办公厅关于新形势下进一步加强督查激励的通知》印发，提出"对全面推行林长制工作成效明显的市（地、州、盟）、县（市、区、旗），在安排中央财政林业改革发展资金时予以适当奖励"。

2022 年 2 月 28 日　国家林业和草原局印发《林长制督查考核办法（试行）》。

2022 年 3 月 2 日　国家林业和草原局、财政部印发《林长制激励措施实施办法（试行）》，提出"对真抓实干、全面推行林长制工作成效明显的地方予以表扬激励"。

2022 年 5 月 31 日　江西省第十三届人民代表大会常务委员会第三十九次会议审议通过《江西省林长制条例》，该条例自 2022 年 7 月 1 日起施行。

2022 年 6 月 1 日　全国全面建立林长制目标如期实现。

2022 年 7 月 13 日　国家林业和草原局举行全面建立林长制新闻发布会，《新闻联播》播报全国全面建立林长制的目标如期实现情况。

2022 年 11 月 19 日　长三角一体化林长制改革示范区建设高端论坛暨沪苏浙皖共建长三角一体化林长制改革示范区第一次联席会议在合肥召开。

2023 年 2 月 27—28 日　国家林业和草原局林长制工作领导小组办公室举办首届全面推行林长制改革线上培训班。

2023 年 3 月　国家林业和草原局完成首次林长制督查考核工作，考核结果报送中办督查室、国办督查室、中组部，并分送各省党委和政府。

2023 年 4 月 25—26 日　首届林长制论坛在江西省九江市武宁县召开。

2023 年 6 月 5—9 日　中组部主办的首届"推进林长制专题研究班"在中共安徽省委党校召开。

参考文献

常纪文,2015. 党政同责、一岗双责、失职追责:环境保护的重大体制、制度和机制创新——《党政领导干部生态环境损害责任追究办法(试行)》之解读 [J]. 环境保护,43(21):12-16.

陈进华,2019. 治理体系现代化的国家逻辑 [J]. 中国社会科学(5):23-39+205.

陈涛,2021. 不变体制变机制——河长制的起源及其发轫机制研究 [J]. 河北学刊,41(6):169-177.

陈小华,卢志朋,2019. 地方政府绩效评估模式比较研究:一个分析框架 [J]. 经济社会体制比较(2):106-116.

陈小雨,管志杰,2022. 中国林业高质量发展水平的测度及区域差异分析 [J]. 中国林业经济(1):7-11.

陈雅如,2019. 林长制改革存在的问题与建议 [J]. 林业经济,41(2):27.

陈岳,伍学龙,魏晓燕,等,2021. 我国生态产品价值实现研究综述 [J]. 环境生态学,3(11):29-34.

戴长征,2014. 中国国家治理体系与治理能力建设初探 [J]. 中国行政管理(1):10-11.

丁志刚,李天云,2021a. 国家治理效能研究:文献回顾与未来展望 [J]. 行政与法(8):28-39.

丁志刚,李天云,2021b. "十四五"时期提升国家治理效能的意蕴、框架与路径 [J]. 青海社会科学(1):37-49.

国家林业和草原局,2020. 中国林业和草原年鉴 2020[M]. 北京:中国林业出版社.

胡璐,2021. 如何以"林长制"促进"林长治"?——专访国家林草局党组书记、局长关志鸥 [EB/OL]. (01-12)[2022-09-30]. http://www.forestry.gov.cn/main/69/20210111/152442762790723.html.

郭晓妮,魏甫,郑红,等,2021. 林长制智慧管理平台建设研究 [J]. 中南林业调查规划,40(2):5-8.

郭阳,范和生,2020. 林长制改革:历史脉络、现实困局与未来路向——基于安徽省政策文本与实践调查的双重分析 [J]. 合肥工业大学学报(社会科学版),34(4):27-31.

洪向华,2020. 着力提高四种治理能力 [N]. 中国纪检监察报,08-18(5).

胡继平,贾刚,2019. 试论安庆市林长制的实践与探索 [J]. 中南林业科技大学学报(社会科学版),13(5):12-17.

黄贤宏,吴建依,1999. 论中国特色的行政首长负责制 [J]. 法学杂志(4):12-15.

黄宇驰,姚明秀,王卿,等,2022. 生态产品价值实现的理论研究与实践进展 [J]. 中国环境管理,14(03):48-53.

江泽慧,等,2008. 中国现代林业 [M]. 2 版. 北京:中国林业出版社:67.

蒋洪强,程曦,2020. 生态文明治理体系和治理能力现代化的几个核心问题研究 [J]. 中国环境管理,12(5):36-41.

蒋毓琪,杨怡康,2020. 基于选择实验视角的浑河流域森林生态补偿意愿的实证研究 [J]. 林业经济,42(1):59-66.

金东日,张蕊,李松林,等,2018. 问责制研究:以中国地方政府为中心 [M]. 天津:天津人民出版社.

李宏伟,薄凡,崔莉,2020. 生态产品价值实现机制的理论创新与实践探索 [J]. 治理研究,36(4):34-42.

李军鹏,2009. 责任政府与政府问责制 [M]. 北京:人民出版社.

李强,2021. 河、湖、田、林长制对自然资源管理的影响与绩效 [D]. 山东农业大学.

李睿祎,2006. 论德鲁克目标管理的理论渊源 [J]. 学术交流(8):32-36.

李鑫浩,何剑筠,吴长华,2020. 安庆市林长制的多级网格化管理模式探索 [J]. 山西农经(8):77-78.

李世东,2022. 中国林草发展现代化的战略选择 [J]. 中国发展观察,280(04):40-44.

梁燕博,2019. 关于推行"林长制"的思考 [J]. 国土绿化(2):53-55.

林震,2021. 提升碳治理的现代化水平 [J]. 探索与争鸣(9):5-7.

林震,孟芮萱,2021. 以林长制促"林长治":林长制的制度逻辑与治理逻辑 [J]. 福建师范大学学报(哲学社会科学版)(6):57-69+171.

刘建军,2020. 体系与能力:国家治理现代化的二重维度 [J]. 行政论坛,27(4):25-33+2.

刘建伟,2014. 国家生态环境治理现代化的概念、必要性及对策研究 [J]. 中共福建省委党校学报(9):60-65.

刘珉,2021. 推进林业、草原、国家公园"三位一体"融合发展 [J]. 林业与生态(8):26-28.

刘强,唐学君,王伟峰,2022."双碳"目标下我国林草碳汇经济的实现路径分析 [J]. 江西科学,40(3):596-600.

陆昱,2018. 生态治理现代化:理念、能力与体系的重构 [J]. 中共成都市委党校学报(1):33-36.

倪修平,傅雪罡,张人伟,等,2020. 江西全面推行林长制构建森林资源管理长效机制 [J]. 南方林业科学,48(3):58-61.

欧阳志云,王如松,赵景柱,1999. 生态系统服务功能及其生态经济价值评价 [J]. 应用生态学报,10(5):635-640.

潘照新,2018. 国家治理现代化中的政府责任:基本结构与保障机制 [J]. 上海行政学院学报,19(3):28-35.

乔德信,薄志国,2022. 加大宣传力度　落实节水措施　丰宁县节水型社会建设亮点纷呈 [J]. 河北水利(2):35.

秦国伟,董玮,宋马林,2022a. 生态产品价值实现的理论意蕴、机制构成与路径选择 [J]. 中国环境管理,14（2）:70-75+69.

秦国伟,田明华,2022b."双碳"目标下林业碳汇的发展机遇及实施路径 [J]. 行政管理改革（1）:45-54.

丘水林,靳乐山,2021. 生态产品价值实现:理论基础、基本逻辑与主要模式 [J]. 农业经济（4）:106-108.

渠敬东,周飞舟,应星,2009. 从总体支配到技术治理——基于中国 30 年改革经验的社会学分析 [J]. 中国社会科学（06）:104-127+207.

尚虎平,2022. 国家治理现代化过程中科层组织的内生风险及防控——"秩序—绩效"的矛盾运动与调节 [J]. 学术月刊,54（1）:83-97.

沈满洪,2008. 生态经济学 [M]. 北京:中国环境科学出版社.

世界环境与发展委员会,1997. 我们共同的未来 [M]. 长春:吉林人民出版社.

谭世明,2002. 论生态林业的理论与实践途径 [J]. 湖北民族学院学报（自然科学版）（2）:18-20.

陶国根,2019. 国家治理现代化视域下的"林长制"研究 [J]. 中南林业科技大学学报（社会科学版）,13（6）:1-6.

田成玉,姜磊,岳振菊,2021. 林长制改革在现代化林业治理体系中的地位作用——以山东为例 [J]. 林业建设（5）:44-46.

田章琪,杨斌,椋埏淪,2018. 论生态环境治理体系与治理能力现代化之建构 [J]. 环境保护,46（12）:47-49.

王芳,黄军,2017. 政府生态治理能力现代化的结构体系及多维转型 [J]. 广西社会科学（12）:129-133.

王浩,李群,2020. 生态林业蓝皮书:中国特色生态文明建设与林业发展报告（2019—2020）[M]. 北京:社科文献出版社.

王会,2019. 森林生态补偿理论与实践思考 [J]. 中国国土资源经济,32（7）:25-33+51.

王浦劬,2016. 国家治理现代化:理论与策论 [M]. 北京:人民出版社.

王前进,王希群,陆诗雷,2019. 生态补偿的经济学理论基础及中国的实践 [J]. 林业经济,41(1):3-23.

韦小满,2011. 生态林业建设及生态林业的发展趋势 [J]. 吉林农业（10）:174-175.

温赛赛,贯君,杨跃,2022. 中国林业高质量发展评价指标体系构建与测度 [J]. 林业经济问题,42（3）:241-252.

习近平,2014. 切实把思想统一到党的十八届三中全会精神上来 [J]. 求是（1）:3-6.

夏书章,2018. 行政管理学 [M]. 6 版. 广东:中山大学出版社.

徐素波,王耀东,耿晓媛,2020. 生态补偿:理论综述与研究展望 [J]. 林业经济,42（3）:14-26.

郇庆治,2021. 环境政治学视角下的国家生态环境治理现代化 [J]. 社会科学辑刊（1）:5-12+2.

燕继荣,2020. 以制度建设推进国家治理现代化 [N]. 光明日报,03-25（16）.

杨开峰,等,2020. 中国之治:国家治理体系和治理能力现代化十五讲 [M]. 北京:中国人民大学出版社.

杨善为,杨万里,李雯,2022. 怀化市全面推行林长制的实践与探索 [J]. 湖南生态科学学报,9
　　(1):92-96.

姚欣琪,2021. 安徽省 C 市林长制改革实践探究 [D]. 南京:南京师范大学.

俞可平,2019. 国家治理的中国特色和普遍趋势 [J]. 公共管理评论,1(3):25-32.

张成福,2000. 责任政府论 [J]. 中国人民大学学报(2):75-82.

张建国,吴静和,1996. 现代林业论 [M]. 北京:中国林业出版社.

张建龙,2018. 全面开启新时代林业现代化建设新征程 [J]. 国土绿化(2):6-9.

张林波,虞慧怡,李岱青,等,2019. 生态产品内涵与其价值实现途径 [J]. 农业机械学报,50(6):
　　173-183.

张林波,虞慧怡,郝超志,等,2021. 生态产品概念再定义及其内涵辨析 [J]. 环境科学研究,34
　　(03):655-660.

张颖,吴丽莉,苏帆,2010. 森林碳汇研究与碳汇经济 [J]. 中国人口·资源与环境,20(S1):288-
　　291.

中共中央宣传部,中华人民共和国生态环境部,2022. 习近平生态文明思想学习纲要 [M]. 北京:
　　学习出版社,人民出版社.

中国新闻网,2019. 湖州长兴县:率先实施"河长制" [EB/OL]. 08-02. http://www. chinanews.
　　com/gn/2019/08-02/8915489.shtml.

中华人民共和国林业部,1995. 中国 21 世纪议程:林业行动计划 [M]. 北京:中国林业出版社.

钟凯华,陈凡,角媛梅,2019. 河长制推行的时空历程及政策影响 [J]. 中国农村水利水电(9):
　　106-110+120.

朱凤琴,2020. 安徽省林长制改革的制度创新与提升路径 [J]. 林业资源管理(6):6-12.

马克·霍哲(Marc Holzer),张梦中,2000. 公共部门业绩评估与改善 [J]. 中国行政管理(03):
　　36-40.

西奥多·H·波伊斯特,2005. 公共与非盈利组织绩效考核:方法与应用 [M]. 肖鸣政等,译. 北京:
　　中国人民大学出版社.

BABCOCK R, 1981. MBO as a management system[R]. Proceedings,International Management
　　By Objectives Conference,Washington,D.C..

DENG H B,ZHENG P,LIU T X,et al. 2011. Forest ecosystem services and ecocompensation
　　mechanisms in China[J]. Environmental Management,48(6):1079-1085.

DRUCKER P, 1954.The Practice of Management[M]. New York:Harper Press.

MURADIAN R, CORBERA E, PASCUAL U,et al. 2010. Reconciling theory and practice:an
　　alternative conceptual framework for understanding payments for environmental
　　services[J]. Ecological Economics(9):1202-1208.

ODIORNE G,1965. The human side of management:management by integration and self-
　　control[M]. Marshfield Massachusetts:Piman Press.